THANK YOU

蒔花弄草過生活

自然生活家
董淑芬 著

人文的・健康的・DIY的
腳丫文化

目次

春

夏

秋

冬

自序——跟著四季打卡，發現生活風景

從2002年出版第一本生活風格的散文書《山城香草戀》至今，陸續出了多本圖文書，同時也叫嚷了許久之後，終於排除困難完成「輕散文」系列的第一本，因為，困難不在於寫作，而是在於那一家出版社要出版？因為，一開始我的構想是以純文字和插畫的方式出現。

其實「輕散文」一詞 是我自己掰出來的！意指「輕、薄、短、少」的散文風格，當然這只是我一廂情願的想法，出版社不見得會採用。當我跟Lisa說，接下來一系列的文字作品，我要取名為「芙蘿拉的輕散文系列」。

只見飽覽群書的Lisa推了推眼鏡，看著我說：「有輕散文這種文學風格嗎？」有「輕小說」怎的就不能有「輕散文」呢？

當然出散文並不是像外界說的「為了尋求自我突破」，純粹是喜歡寫文字。老讀者都知道，我的第一本書就是散文書，所以也沒有什麼突破的問題，只是回到原來的我罷了！

雖然這是一本以四季花卉為主題的書，但我用較多文字的方式，分享生活的體驗以及園藝的心得，圖片少一些，正好可以有更多想像的空間。我並不是排斥圖文書，其實看看美美的照片也是件賞心悅目的事情，所以這本散文裡還是有許多漂亮的照片。

文字為主，圖片為輔，以及女兒利用上大學前的暑假為我畫的色鉛筆插圖，這是一本很美的書，對我而言別具意義。讀著這過往的點點滴滴，時而開懷大笑，時而眼角泛出淚光，說是散文，其實也有點像是日記，有些篇章又像與老朋友敘舊，也許這一路走來的人生風景，希望你們也會和我有同樣的感受。

春

春天是多變的！
一會兒晴一會兒雨，有時一整個月看不到太陽，
天候惡劣的時候讓花園看起來一點希望都沒有，
但是只要放晴個幾天，花園就會再度復甦。
百花競放的春天，園丁要做的事情，
除了悠閒散去賞花以外，就是移植和換盆，
想扦插繁殖和播種的，也要把握短暫的春天。

彩繪鼠尾草

不能實現的夢想

前些日子有一件不得不放棄的事使我非常沮喪！

「生命中有些不能實現夢想也是好的……」Lisa說。我非常同意Lisa的說法，雖然我們常說「有夢最美」，但是有時連自己也不禁懷疑到底是夢想？還是貪婪？這些永無止境的夢想究竟滿足了什麼？又或者美在哪裡？

中年之後不再像年輕時候那樣勇往直前，總是不斷停下腳步來檢視自己，時間過得飛快，而我卻走得很慢，恨不得能有多一點的時間停下腳步來，細細品味這一路上的風景。

彩繪鼠尾草在十幾年前，曾經是我一直想要得到的品種，現在卻在園子裡盛開得理所當然，花謝後到處散落的種子年年周而復始，我甚至已經忘了對它曾有過的狂熱。事實上彩繪鼠尾草的花既小又不起眼，並無觀賞價值，真正吸引人目光的是那一串串帶有美麗色彩的頂葉。自然界中有許多植物在開花時，它們的頂端葉片會改變顏色，以彌補花朵不夠美麗的缺憾，如九重葛、聖誕紅等。

經常有人問我：「園子裡我最愛的是哪一個植物？」其實不管是蔬菜、香草還是美豔的玫瑰，每一株都是我的最愛。我並不特別偏愛盛開的玫瑰，或是稀有的品種，與植物的相處就像是非常熟稔的朋友一樣，淡淡的卻又覺得非常重要。而當身邊的朋友開始因為更年期而失去往日的熱情時，一大片隨風搖曳的彩繪鼠尾草，總會讓我想起曾經有過的狂熱，也像在提醒著我要永保那顆真誠的心。

當然，有些不能實現夢想也是好的，現在不能實現，並不代表永遠不會實現不是嗎？也許是我們還沒有準備好，又或許是時機還未到，因此在那之前唯有耐心等待，就像我得到第一株彩繪鼠尾草其實也是非常偶然的。我只是在圖片上看過，甚至不知道它的花有多大，葉子長得什麼樣，植株有多高等，但當我在一堆待售的草花間卻能一眼就認出它，這真是很神奇的一件事！以為已經忘記的事，遇到的時候你自然而然的就會知道。

當然在逛花圃的時候，經常會遇到想跟我回家的植物，它總是在遠遠的地方向我招手。為此我的小小園圃總是花滿為患，還好一年生草花其實生命週期並不長，頂多三五個月，總是可以找到安置他們的角落，季節過了便悄然離去，或留下神秘的禮物，然後在某一天又突然冒出來。你只需要順應自然的腳步，不需要勉強也毋庸刻意追求，只要準備迎接園子裡冒出來的新生命即可。

彩繪鼠尾草

- 唇形花科，一年生草本植物。
- 喜歡日照充足排水良好的生長環境，雖然屬於香草家族中的一員，但主要用於觀賞並不食用。花謝後極易結籽，如不採收種子，宜將花梗剪除，避免消耗養份。
- 花色：粉紅色、白、紫。
- 高度：40～100公分。
- 花期：冬～春。

・和心愛的寵物一起蒔花植草，是我一天中最快樂的時光。

鐵炮百合

守護花園的精靈

下了幾天的雨，木頭桌子的一角竟然長出一朵菇，像一面小巧的鼓，真是可愛。

孩子小的時候，我常指著雨後花園裡冒出的菇，告訴他們這是精靈停留過的痕跡，年幼的孩子深信不疑。現在他們都是高中生了，不再相信媽媽的神話，開始以科學的眼光看世界，生活反而變得無趣。

不禁懷念起年幼時我們常一起看宮崎峻的電影，騎著掃帚的魔女住在森林裡的《多多龍》；不知他們是否還記得《魔法公主》裡的最後一幕「春天是開花爺爺」這句話。童話裡的故事往往反應著幾分真實，的確春天一來所有的秋冬蔬菜像是高麗菜、芹菜、蘿蔔，以及所有的萵苣，全部都拉長了身子準備開花，連滿地的雜草也開得熱鬧非凡，白的、黃的、粉紅色、紫色的應有盡有，大地就像鋪上了一塊花地毯，每天早晨送女兒上學的路上，總忍不住要多看幾眼。

這時節社區向陽的山坡上，亦可見台灣的原生百合花，零星的開放著。其實不管是原生百合、鐵炮百合、孤挺花等，就連廚房裡的蔥蒜也都是百合家族的成員，由此可見百合家族的龐大。台灣的原生百合花共有四種，而且都是特有種，除了台灣野百合、鐵炮百合、還有瀕臨絕種的豔紅鹿子百合，其中細葉捲丹百合，因為太美，大家都想擁有，因此早已在野外絕跡。

・鐵炮百合盛開於春天的山坡上。

・食用百合的球莖，埋進土裡就可以成長成一株百合喔！

在社區鐵炮百合是很常見的半野生花卉，尤其在四月的時候，到處都可見到一叢又一叢的白色花朵，就連無人居住的空屋或是路邊的花壇等也可發現其蹤跡。我猜想這些鐵炮百合應該是原本就生長在這座山頭的，在我後院的走道盡頭也有一小叢，只不過因為日照不足，百合雖然年年報到，但開出來的花既纖細又瘦弱。

雖然曾想過為她換個日照充足的角落，但是巨大的花叢，反而讓我有些卻步，很怕又像蘆莉和使君子一樣變成下一個拔不盡又除不掉的雜草。也因此雖然百合的花朵小了些，但彼此相安無事，似乎也沒什麼不好，況且鐵炮百合的花期極短，但地面植株卻要到秋天才會休眠消失，屆時那一大叢綠葉鐵定要佔去其他植物的生長空間，還不如用個花盆養著，我想將百合移到屋頂應該就可以解決日照的問題。

挖起瘦弱的百合，就連地下的鱗莖也小的可憐，心裡忽而升起一絲愧疚，年年守護在花園角落的鐵炮百合，倚著水泥牆沒有肥料，也沒有人為它澆水，孤單地守護著後院荒蕪的走道。我將百合安置在陽光花園的一角，和其家族的成員蔥蘭、紫嬌花和百子蓮等放在一起。遠眺鄰居荒廢多年的屋頂菜園，只見雜草叢生，滿滿黃色的野花中，卻見幾枝粉紅色的孤挺花開得正美。

鐵炮百合

- 百合科，多年生草本。
- 是本省珍貴的原生球根花卉，具有進口百合所沒有的優良與強健特性，耐熱、耐旱、耐貧瘠，盆栽亦可生長良好。主要分布於台灣東、北沿海及離島，喜歡日照充足排水良好的生長環境。
- 花色：白色。
- 高度：60～100公分。
- 花期：春季。

山櫻花

櫻花與我

每當櫻花盛開之際，一股想在院子裡種上一株櫻的渴望，始終誘惑著我！其實，我很清楚地知道，院子裡再也容不下一株大樹了，有限的空間裡我必須懂得取捨，以免自尋煩惱。幸好夏天來臨時，這念頭便會逐漸淡去，等到秋涼冷靜下來，就會慶幸沒有真的買來一株櫻。

然而每年春天，這念頭總會周而復始糾纏著我。也許是因為社區裡的櫻花實在太美了！除了赫赫有名的櫻花巷之外，葛老爹家的八重櫻，是我所見過樹型與花色皆完美的櫻花了。另外北街有近十家的院子裡也都種著一株大櫻花，花季時也極為壯觀，而其他的巷弄裡也有不少種類的櫻花零星盛開著。

春天的山城經常披著一層薄霧，我在霧裡看花，心裡也罩著一層濛濛的霧。與其說是看花，不如說是享受一種意境，剛買下山城的房屋時，我曾先後買過兩株櫻花。第一株是有著華麗花朵的垂櫻，由於當時社區住戶並不多，僅偶爾來小住，院子裡連圍牆也沒有，任誰都可以輕易進出，可能是遭人盜挖，竟然消失不見！

第二株種了三年不曾開過花，且因空間的問題，每年都被挖起來換一次位置，最後只好送給山城的友人。一個春日的午後散步經過，正巧遇見它盛開，當年細瘦的枝椏如今已長成一株大樹。雖然在樹下開花見茶會的夢想並未實現，不過見到這株熟悉的山櫻，就像是多年不見的朋友，心裡依舊掠過一絲歡喜，由此看來我和櫻花註定無緣，人世間的聚合離散不也這般難以預料？

第一次懂得賞櫻花，是高三那年和同學一塊上陽明山，春日的午後陽光暖暖的落在身上，同學的名字就叫陳陽光。有著陽光般燦爛的笑容，和當個空軍的飛行員的夢想，渴望在廣闊的藍天裡自由自在的飛翔，二十四歲那年卻因肝癌，在春天撒手人間，就像湛藍的天空下驟然崩落的山櫻，燦爛卻嫌短暫。

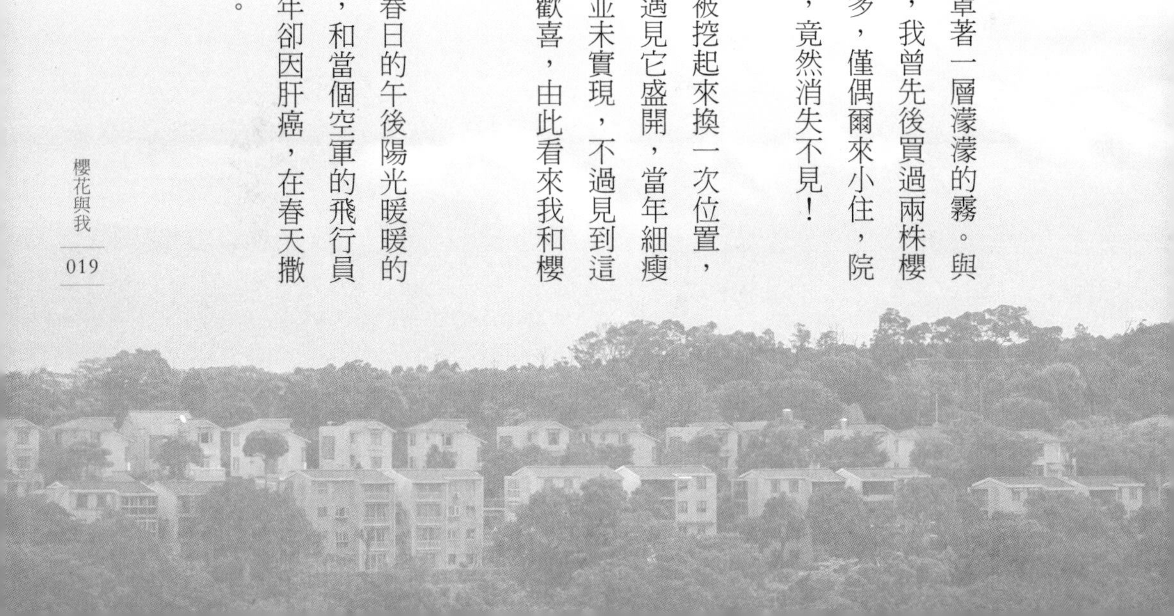

也因此每當山城的櫻花熱鬧盛開之際，在媒體的渲染之下，散步賞花的人潮，或三三兩兩，或成群結隊匆匆走過，總會讓我想起年輕的春天，年輕的陽光……。

我不得不承認，每當山櫻盛開，我總有些許莫名的心痛，這也是為什麼櫻花的族群在社區如此龐大，而我卻始終不曾提筆歌詠過櫻花的美。人的記憶裡，遺憾的事情似乎總是揮之不去，而快樂的事，卻是理所當然。

山櫻的花期短暫，大約只有七天是令人欣賞的，所以賞花須趁早。花謝後會結出許多果實，隨著春暖花開逐漸轉成紫紅色，鮮紅欲滴的果實其實很苦澀，必須先經過醃漬的過程才適合食用。不過白頭翁、五色鳥、綠繡眼等鳥兒，可是會毫不客氣吃個精光，也因為這些鳥兒，山櫻的族群才能悄悄地在山裡頭自行繁衍。

社區的許多角落裡都能發現散生的小苗，如果有足夠的耐心移植回家慢慢等待，山櫻的生長其實很快速，且非常適合山城的環境，在炎熱的夏天裡也能提供足夠的遮蔭，加上落葉的早，又能讓庭院在秋冬的季節獲得充足的日照。

種植山櫻花最忌修剪，尤其是非專業的整枝，只會破壞樹型的優美，而且傷口不易癒合，易導致細菌侵入而致病。也許你也和我一樣，每年春天都有一種渴望，那你最好先理出一個角落，然後種下它，讓夢想化為實際，爾後你就能擺脫它的糾纏。

山櫻花

・薔薇科，落葉小喬木。
・山櫻花又名「緋寒櫻」為台灣原生種櫻花，是每年最早開花的品種。生長快速栽種容易，廣泛分布於本省的平地，甚至到海拔3,000公尺的高山都可以生長得很好。除了台灣本島外，日本南部以及琉球群島都有它的蹤跡。
・高度：3公尺以上。
・花色：粉紅色、桃紅色。
・花期：約農曆春節前後。

蜜蜂花

花園裡的珍珠

被春天的濃霧包圍了三天，能見度只有五十公尺，雖然山上起霧，不過下了山天氣倒是好的很，沒有霧、地面也很乾燥，很難相信只不過海拔二百公尺的小山坡，和平地的差距這麼大。往上看，二樓的窗外罩著一層薄霧，盛開的梅花已經落盡，留下一地碎花瓣。濃霧在新發的嫩芽上，留下一串珍珠，香菜細碎的葉片是採集珍珠的高手，花瓣、枝條、和葉片掛得滿滿的。秋天時自生的蜜蜂花，成串的紫色花序被珍珠壓得抬不起頭來。

蜜蜂花的種子來自喜歡玫瑰的朋友，從德國帶回來香草花園的種子。一小包的種子裡，有許多種類的香藥草，可供五平方公尺的花園使用。五平方公尺！這個數字對我的小花園來說可不小，把我所有能栽種的空地加上花盆，恐怕也沒有五平方公尺，看樣子似乎得換個農莊才夠用！多雨的山城居住多年之後，我心目中理想的居所，要像卡通魔女宅急便裡，小魔女媽媽的藥草花園，晴朗又乾燥。

玻璃屋裡掛滿了乾燥的香藥草，滿園盛開的花朵，每一個角落，每一株植物，甚至連那和煦的陽光……我會幻想，自己是那穿著黑衣的魔女，能用院子裡的藥草替人治病！不過在山城我的香料乾燥了之後，一定要存放在冰箱裡，否則很容易就會發霉。所以理想的居所，一定還得陽光充沛，氣候乾燥合宜。

近來因為一連串的瘋狂行為，忽而想起當年買下這間破房子，其實不也算是一種瘋狂！

如果，時光推移至今，我不知道自己是否還有足夠的勇氣，敢做這種讓自己背負幾十年債務的行為，還好當年的勇氣讓我的人生變得多采多姿。當山城的景色美如詩畫之際，倚著窗邊閒散地喝杯咖啡，聽著小鳥快樂的歌唱聲，或者，只是幾陣風吹過，我都會覺得自己非常幸福。當然幸福不會憑空降臨，除了年輕時的勤奮之外，年長之後還要懂得知足，別做慾望的奴隸。

有一次電視上介紹一位獨居在鹽寮的退休教授，非常自豪地說：「物價上漲和我一點關係都沒有」，每個月一千元的生活費就已足夠。想想自己每次一出門就花掉不只一千元，雖然已經非常節制！自己種菜、自己做飯、自己烘焙麵包糕點，不喜歡名牌、討厭逛街和購物，最大的嗜好不過就是買菜、買花、和閱讀。不景氣的這段期間受到許多朋友的關心，其實不管景氣或不景氣，我們過的都是簡單的生活，而且自認為一直都很勤奮。

中年之後，最大的花費其實不是自己，而是小孩的教育費，常讓我有被剝了好幾層皮的感覺。如果當年沒有實現夢想的勇氣，現在的我應該還在都市裡做著幻想花園的白日夢也不一定！

蜜蜂花

- 唇形花科，一年生草本植物。
- 蜜蜂花為香草家族的一員，和香蜂草極為相似，喜歡日照充足排水良好的生長環境，花謝後極易結籽可採收做為播種用。台灣亦有野生的蜜蜂花，只不過花型小而花色為白色，較無觀賞價值。
- 花色：紫色。
- 高度：20～30公分。
- 花期：春。

・做完鬆土拔草的園藝工作後，順手摘幾枝香草，沖下熱開水，悠閒地喝杯茶，欣賞美麗的小花園，簡單卻很享受。

香堇

春天的小可愛

原本還擔心著今年又要缺水了，沒想到接下來的兩星期不是傾盆大雨，就是春雨綿綿毫不鬆懈。四月的天氣仍不穩定，一會兒冷一會熱，才剛晾曬收拾好的厚重冬衣，這會兒又搬出來裹在身上，邊打噴涕邊抱怨，去年這時候早就回暖了，今年怎麼冷這麼久！原本在一旁安靜看報紙的爸爸終於受不了我的嘮叨，不以為然地說：「每年四月都是這樣的」。不甘示弱的我馬上斬釘截鐵補上一句，「今年的確冷得比較久」。

愛園人真的會信誓旦旦地說些：「今年比較冷、雨水比較多、風比較強勁，或是去年的花開得比今年好的多之類的話」。當然如果能精確地記錄下降雨量、溫度以及風力的級數，或許會更有說服力，因為每個剛搬進山城的人，都會說他們搬來的那一年特別冷，就連我也不例外。

四月是個令人既掙扎又矛盾的月份，也許是因為季節在春夏之間搖擺不定，一會兒冷一會兒熱，一會兒又是傾盆大雨。此刻愛花人要是沒有強而有力的心臟，肯定要跟著天氣起伏不定，瞧那原本燦爛繽紛的小香堇，隨著氣溫上升全塌在花盆上。原本我已打算鏟除，沒想到這兩天氣溫一下降就又活了過來，根據以往的經驗，小香堇很難活過四月下旬，因為他們實在太怕熱了。

冬天裡除了非洲鳳仙花以外，很少有花能像小香堇一樣適應山城低溫又多雨的天氣，如果去年栽種過香堇的花盆附近，到了十一月還沒有冒出任何一株幼苗，那麼走一趟苗圃，一盆十幾元的花苗五顏六色任你挑。想想自己從播種到開花要費時三個月以上，中間還得施肥、澆水、悉心照顧，似乎有些不划算。

我的第一批香菫種子，是從美國漂洋過海來的，一朵小花有三個顏色，像是一個個有著紫色耳朵的米老鼠，而花總是開得滿滿的。香菫也有人稱小三色菫，由於顏色眾多，不管是當主角單植於花盆，或是和其他植物搭配，這一朵朵像是蝴蝶又像是貓臉的小花，盛開時的香氣能在枯燥寒冷的冬天裡帶來溫暖，閃閃發亮的花瓣，則會讓每個路過的人忍不住多看幾眼。

要維持香菫花開不斷，摘除枯萎的花是一件非常重要的工作，因為香菫非常容易結籽，如果想採收種子只要保留幾枚即可。種子開始變褐就要趁上午採收，放在深一點的盒子裡，因為太陽出來後溫度上升，種子就會爆開成三叉狀，當然為數眾多的種子也會彈得不知去向。

香菫的花可以用來做糖花，裝飾在鮮奶油蛋糕上面，或在喝紅茶的時候加幾朵進去。飲著香香甜甜的下午茶，環顧四周五彩繽紛的花朵獨自陶醉，卻發現不遠處有幾朵被雨淋爛的金盞花，掛在翠綠的葉子上，忍不住放下茶杯走過去摘除，薰衣草的腳下已被酢醬草攻佔，一旁凋謝的玫瑰也該修剪，就這樣離茶杯越來越遠，難得的下午茶時間忽而變得忙碌起來。

香菫

・菫菜科，一年生草本植物。
・喜歡涼爽乾燥、全日照或半日照均可，乾燥季節需每日澆水，花謝後極易結籽，故需每日剪除凋謝的花朵，以免消耗養份影響開花。
・花色：白、黃、橙、紅粉、紅、紫、黑、混色系等，顏色眾多。
・高度：約10～15公分。
・花期：秋末～春。

梅花

春神來了

今春來得令人措手不及，濃霧瀰漫，我正在園子裡採收已經成熟的大頭菜。幽香陣陣，獨自陶醉在梅花樹下，風來了，花瓣雨隨風而下，落在我的髮上、衣上，我想在樹下酣然睡去，醒來時覆蓋一身花瓣。

梅花最美就是花開五分的時候，枝條上有含苞的、有盛開的，花瓣上還殘留著昨夜的露水珠。根據江南二十四番花信，梅花居首棟花殿後，所以梅花開了表示春天已經來到，雖然天氣極不穩定，乍暖還寒。

阿勃勒的枝葉早已窸窣作響，帶來南方的訊息，小花們竊竊私語，花園裡倏地熱鬧起來。兩隻樹鵲大駕光臨，尋找適合築巢的材料並發出長長的一串叫聲。今年是樹鵲第二次在後面的香楓樹上築巢，只是牠們對Flora家的後院特別感興趣，每天都會來這裡覓食，或在大花石榴的樹上逗留許久，大花石榴細軟的嫩枝條，對牠們來說是很好的築巢材料，只見牠們啄下頂端的細枝，再用嘴將新發的嫩葉除去後帶走，一會兒又來，看來忙碌極了。

不止植物對於春天敏感，就連人也會感到蠢蠢欲動，一種老是想往外跑的渴望，或是看到什麼植物都想搬回家的衝動，似乎也都發生在春天。院子裡這一株梅花的到來也是發生在春天。正確的時間已經想不起來了，只記得是跟著瑩琪夫婦，和對面山頭的朋友，在新屋附近的一家苗圃看茶花。靠近海邊的苗圃，海風吹得我的腦袋有些昏沈，兩株小小的梅花，一粉一白開著幽香的花朵吸引著我，也因為難以取捨最後只好把兩盆都帶回家。

文人雅仕以養盆景為樂，但我想要的是一株小樹，國梅屬於小喬木，兼具開花與遮蔭的優點，可是這院子只能容的下一株，正巧隔壁巷的太太說她喜歡白色的梅花，因此我只好割愛了。幾年下來的細心修剪與照顧，我的梅花已長成一株樹型完美的樹，由客廳的窗戶看出去，就像一幅活動的畫，一年四季風情都不同。春天滿樹的粉紅色小花，夏天新綠的葉子，秋天的黃葉……即使在冬天，僅剩的枝條也散發一股獨特的美。

國梅和一般會結果的青梅不同，它只開花不結果，而常見的臘梅（又稱二度梅），枝條則過於柔軟雜亂，少了國梅那一種簡潔有力的姿態，至於矮小的松紅梅僅算是灌木，不在樹木之列。

附註：江二十四番花信

小寒：梅花、山茶、水仙；大寒：瑞香、蘭花、山礬；
立春：迎春、櫻花、望春；雨水：菜花、杏花、李花；
驚蟄：桃花、棠棣、薔薇；春分：海棠、梨花、木蘭；
清明：桐花、麥花、柳花；穀雨：牡丹、荼蘼、楝花。

梅花

・薔薇科，落葉喬木。
・原產地在中國大陸，二百多年前由福建、廣東等地引進台灣為經濟作物果樹。梅花先開花而後長葉花，花味清香，品種繁多，花有單瓣和重辦之分。陽光充足、排水良好、空氣淨潔，是梅花所需要的三個基本生態條件。可盆栽或露地栽培，對土壤、肥料、溫度、水分和栽培管理都有很寬的適應能力。

・清晨的陽光穿透梅花的花瓣，香味開始在院子裡漫開來。

洋甘菊

最早的記憶

今年院子裡的花樹以前未有的能量燦爛盛開，玫瑰拱門、玫瑰牆、滿樹香甜的黃梔、映著藍天的阿勃勒，就連一向開花稀少的大花石榴也前所未有的怒放，幾百朵的紅花鑲滿在綠葉間，由二樓往下看煞是壯觀，到處都是花、花、花！

每年自生自滅的洋甘菊，因為今春雨稀少的緣故開得特別好，氣候乾燥異常，採下來的香草放在玻璃屋裡，兩三天就乾得酥脆。由於乾的快色澤也保持得很美，因此連拱門上的老薔薇花瓣，也趁新鮮時採下來做了一些乾燥品，但是蜜蜂實在多的嚇人，很怕在摘取時一個不小心「中針」！因此只象徵性採收了一小盤，乾燥後的份量就更少了。

我做了複方的花草茶，除了洋甘菊、玫瑰，還有薰衣草的花穗和檸檬百里香等。檸檬草、薄荷和迷迭香由於數量太多，只用了少許做花草茶的材料，剩餘的部份就磨成粉保存以節省冰箱的空間。

午後泡上一壺自製的花草茶，乾燥的洋甘菊隨著沖入的熱水在壺中伸展開來，和幾片玫瑰花瓣輕輕的旋轉著。剛讀完《最早的記憶》；關於我最早的記憶是在三歲的那一年，我曾經養過一隻鴨子，除了三歲那年之外，小學一年級時我又養過一次，同樣也是一隻，至於為什麼每次只養一隻的原因，是因為找食物比較容易。

不過我的兩隻鴨子結局都不大好，第一隻鴨子在颱風夜被倒下的門板壓死，第二隻則是在放學回來後，才發現被父親做成了薑母鴨，因此在四十歲以前我不吃任何關於鴨子的料理，包括薑母鴨在內。

雖然既傷心又生氣。其實我有個很棒的童年，也做過許多的蠢事，父親是個有趣的人，喜歡買菜喜歡下廚，下工之後常會提著大包小包的食材回家，然後在廚房裡洗洗切切。父親同時也是個業餘的獵人，所以小時候我們吃過很多特別的東西。

他常說起他童年的冒險故事，那個獵山豬的少年，還有八二三砲戰……說得口沫橫飛，我想應該是真假參半吧！但那些個天馬行空的故事總令我深深著迷，同時也影響著我。那時候我心裡常有個念頭，長大後也要去冒險，我也要有一頭「大山犬」，雖然多數的夢想到後來都沒有實現，而所有的冒險也都沒有成功。

但人生的存款有多豐富，不在於有多少金錢，因此不管是「富爸爸」還是「窮爸爸」都可以做得到。為孩子留下一些生活的記憶，讓他們以後有多一點的生活存款可以回憶，不要以為孩子小就記不得這些，生活中平凡小事，甚至微小如氣味、色彩、陽光等，都會隨著時間編織在記憶裡，像一張隱形的網，有一天會織成一片天。

洋甘菊

- 菊科，一年生草本植物。
- 洋甘菊為香草家族的一員，主要採收花朵做為茶飲之用。喜歡日照充足排水良好又涼爽乾燥的生長環境，不耐夏季高溫與潮濕，花謝後雖可結籽，但由於種子細小採集不易，一般多以購買種子播種為主。
- 花色：白色。
- 高度：30～50公分。
- 花期：春～初夏。

玫瑰

愛園人不可錯過的玫瑰

已經許久沒有在社區散步了，再次經過玫瑰婆婆的家，眼前的景象讓我一陣錯愕，枯死的玫瑰樹佇立在滿園的雜草中，顯然房子的主人已經搬離很久了。過去那樣繁花盛開的景緻忽而消失，心裡有些悵然若失，並不是因為那些消失的美麗園景，而是想起山居生活的種種不便。年紀大的鄰居陸續離開了山城，新搬來的住戶，雖然房子整修得一棟比一棟更漂亮，但山城早已失去了昔日的風貌，除了這些珍貴的友情以外。

去年我有個忙碌的夏天，屋頂上的玫瑰陣亡了一大半，連最珍愛的鐵線蓮也棄我而去。雖然曾經說過：「除了環境氣候外，種植玫瑰其實還是有方法的。」比起一年生的草花，玫瑰其實很強健而且耐旱，風吹雨打或氣候惡劣，只能摧毀玫瑰的

花，並不會導致玫瑰死亡。

不過，病毒的感染卻會讓玫瑰悉數陣亡，或是發生那種，要它長也長不好，要它死也死不了的窘狀！尤其是在豪雨過後，葉子還會掉個精光，僅剩下光禿禿的枝幹，不禁讓人懷疑，這真的是迷惑世人的玫瑰嗎？為此玫瑰總是讓人又愛又恨。

到底玫瑰的魅力在那裡？是花色？是花容？是花香？還是人們所賦予的浪漫價值？如果 玫瑰不代表愛情與浪漫，如果玫瑰沒有那麼多美麗的故事……你還會喜歡這佈滿尖刺的植物嗎？

很少人能抗拒玫瑰的誘惑，就連Flora也一樣。在都市的陽台種玫瑰時，屢敗屢戰，從花市買回茂盛的玫瑰，花謝後葉子也跟著謝，花越開越小，葉子也越來越小，後來我放棄玫瑰。來到山城後也從不把玫瑰列入考慮，直到坂根太太送給我，從長野帶回來的老薔薇開滿拱門後，我才又開始收藏玫瑰。

如果不想對玫瑰花費太多心思，選擇品種格外重要，通常紅色和粉紅色這種基本色系，是最容易栽種的，以及幾個強壯的品系，如白滿天星、粉滿天星以及露塔斯、奧斯麥、瑪蒂完達等。我所偏愛的玫瑰花型都是完全綻開的，可以清楚的看見黃色的花蕊，顏色要純淨沒有雜色，花朵也不能太大，雖然有些品種號稱花朵特大，但像個碗公大的花也未免太俗氣了。

雖然玫瑰的花瓣可以泡茶可以料理，不過我鮮少使用，純粹是用來滋養心靈罷了。山城有許多玫瑰高手，我也無意加入此行列，我對待玫瑰的方式其實沒有比蔬菜更用心，園藝就是這樣，有時要等待有時要忍耐，容忍玫瑰因長期下雨而發生的黑點病，葉子有掉得光禿禿的時候，容忍玫瑰有任性不開花的時候。

玫瑰

- 薔薇科，多年生灌木。
- 由於種類眾多加上新品種不斷被栽培出來，目前園藝系統的玫瑰是依植株大小、習慣與花形做分類。玫瑰儘管品種不同，但喜歡日照充足、通風良好的生長環境卻是相同，保持植株適當的間距，定期施肥與修整可讓玫瑰健康生長。
- 花色：顏色眾多
- 高度：視品種而定，由10公分～5公尺的品種都有。
- 花期：秋季～春季 炎夏開花較少。

‧（上）圍牆上粉滿天星探出牆外，吸引路人的目光。

‧（下）奧斯汀‧派特清香、淡雅、多花，是愛戀玫瑰者不可錯過的品種。

大岩桐和非洲堇

夢幻玻璃屋

喜歡植物的人，就像喜歡衣服的女人一樣，花園裡永遠就是少那麼一盆。當然，一盆只是含蓄的說法，即便說是好幾盆，也都還不足以形容那種欲得天下植物而後已的心情。恨不得土地能無限延伸，好將所有喜歡的植物通通扛回家，因此當花園塞滿之後，腦筋自然就動到室內來了。起初只是在室內窗邊的櫃子上，用美麗的陶器擺上一兩盆觀葉小盆栽，隨著逛花圃的次數，不知不覺得盆栽數量就漸漸地多了起來。

在進入的屋內之前有一個大玄關，依原始的設計圖其實是車庫，但是這一區的房子車庫卻特別短，真把車停進來只容得下三分之二的車身，車尾則在屋外淋雨。因此許多人家加了長長的採光罩，但是在美麗的花園裡放一輛車，不僅煞風景也很妨礙視線。為了更接近花園，我在這裡加了落地窗，做為冬天喝茶的工作室，裡面除了大大小小的植物之外，也擺滿了朋友的陶藝作品，同時也是我寫稿和招待訪客的地方。

玻璃窗邊旁的空間我設計了一個木架子，由於光線充足，非常適合擺放室內花卉，可算是個小溫室，在漫長的冬天以及多雨的春天，不能在戶外時可以在這裡拈花惹草打發憂鬱。由於山上的氣候較平地涼爽，即使是到了初夏的六月，大岩桐和非洲堇等室內花卉還是盛開著。不過到了夏天就不行了，太陽從落地窗長趨直入，吸收陽光的玻璃會變得很熱，此時就得把植物挪一挪換個位置。

除了觀葉植物之外，室內花卉和蘭花也是溫室裡必要的植物之一，但前提是得先有個二小時以上日照的玄關。許多人以為室內植物不需要太陽，其實它們只是比戶外植物耐陰，或者不喜歡風吹雨打，長期放在沒有陽光的屋內是長不好的。

對大多數的都市人而言，花園就像是個遙不可及的夢想，其實當你開始對植物產生興趣，花園就已經在你心裡悄悄形成。只是非得有塊土地才能營造出花園嗎？

事實上決定花園的不是土地，而是花園主人的心態。光是擁有土地，長滿植物也不能算是花園！花園必須和人產生互動，和生活連結。也許花開得並不好，甚至角落還有些許雜草，但是生活在裡頭的人能樂在其中，這樣才能算是一個好花園。

只要幾個花盆就可以算是花園，因為大多數的植物都適合栽培在花盆裡，肥料和水份控制容易，有時反而比地面栽種長得更好！所以就算是一個小窗台，也可以搖身一變成為一個小花園，對於花園也不要認為一定是遍地開花，那樣狹隘的想法。

非洲堇

・苦苣苔科，多年生草本。
・非洲堇原產於東非海拔1500公尺的高原森林裡，氣候涼爽太陽不會直射，非洲堇以淺淺纖細的根，著生在岩石縫中，因此栽培時以模仿原生地的環境生育最佳。適合栽培在明亮的室內窗台，冬季可讓陽光直曬，室溫18～25℃可全年開花。
・花色：紫色系、紅色系、白色系等，顏色變化多深淺不一。
・高度：約10～15公分。
・花期：秋～春。

黑種草

漂洋過海來的香草種子

坦白說黑種草還是幼苗的時候，很容易和胡蘿蔔的葉子混淆，不同的是，胡蘿蔔是我刻意種下，而黑種草卻是野生的。熬過了秋天猛烈的東北季風，與寒冷的冬天和多雨的春天，看來柔弱的植株，遠比想像中來得堅仞。

隨著花季的到來，會長出纖細如絲的葉子以及球狀的花苞，夢幻般的黑種草花朵，就像漂浮著淡淡雲彩的藍色天空，頂著皇冠般的綠色花蕊，令人難以抗拒。雖然一朵花僅能維持兩天，但花謝後種子囊會像吹汽球般日漸膨脹，圓鼓鼓的非常可愛。

夏末的時候為數眾多的黑種草種莢會成熟成褐色，此時我會採下它們當做乾燥花插在花瓶裡，藥草書上記載黑種草的種子帶有胡椒和肉荳蔻的風味，非常適合添加在印度或土耳其的料理中，此外用在麵包中也很常見。雖然每年我都會擁有一大把的種子，不管是那一種烹調方式，我的材料都足以應付，可是卻從來沒有用過，倒是遇到喜歡植物的朋友，會大方送他兩枝帶有種子的花梗。

播種黑種草需要耐心與良好的生長環境，雖然送出了許多種子，卻沒有人能像我一樣，讓黑種草盛開在花盆裡且生生不息，看來栽培植物有時也像交朋友一樣需要緣份。記得我第一次得到朋友從瑞典帶回來的黑種草種子，也栽培得很差，生長不良又開花稀少，最後還是陣亡在我的花園裡，不曾再出現。

送我這一包種子的是一個喜歡種玫瑰花的男士，同時也是以前開花店裡的常客，由於居住在山下不遠的社區，有時會利用早晨騎單車上山，或在週末帶著愛犬哈士奇散步上來，並在門口和我閒聊幾句。除了姓名之外，我對他其實一無所知，但是喜歡園藝的人就是這樣，遇到自己的同類很容易就可以成為朋友，而話題除了植物還是植物。

雖然沒有五平方公尺的面積，但是用各式各樣的花盆，我還是成功的種出了這一包香草花園裡所有的種子。裡頭的花種都是我最愛的藍紫色系花，黑種草、矢車菊、大花藿香薊、香雪球、藍薊、蜜蜂花、球吉利等，其中蜜蜂花、黑種草、香雪球，甚至已經在花園裡野化年年盛開。

黑種草喜歡日照充足乾燥冷涼的生長環境，由於樓下的花園空間有限，所以我把它們播在樓頂的花園，這裡陽光充沛視野遼闊，所有的植物都長得地面花園還好，我常在這裡看著遠方，看著看不到邊際的海岸線，呼吸著來自海洋的空氣，這是一處只能獨享，不能分享的隱密空間。

黑種草

- 毛茛科，一年生草本植物。
- 喜歡日照充足排水良好又涼爽乾燥的生長環境，不耐夏季高溫與潮濕，花謝後極易結籽可採收做為播種或乾燥花。種子具有生物鹼，含有毒性不可生食。
- 花色：紫色、白色。
- 高度：30～50公分。
- 花期：春～初夏。

・黑種草的花，有著夢幻般的花朵與葉片。
（左上）：黑種草的種子。
（左下）：黑種草成熟的果實。

絲河菊

另一種角度看世界

想要擁有繁花盛開的花園很容易，但前提是要「夠勤勞」！

晴天補充水份並摘除凋謝的花朵，按時補充養份，大雨之後努力打掃庭園，保持清潔；至於栽培環境欠佳時，就只好勤於更換當季的草花。春雨綿綿雖然省去了澆水的工作，但要特別注意盆栽是否有排水不良的問題，也要避免盆栽擺得太擁擠而影響植物的健康。尤其在植物生長快速的春天，如果不保持適當的間隔，就要勤於修剪，因此每當放晴之後，也是園丁最忙碌的時候，修修剪剪搬來挪去。

茂密的玫瑰覆蓋了拱門旁的走道，花苞累累，梅花的新葉則盤踞在另一角，形成一個綠色的小隧道。通常在安排植物的時候，我會先依所需日照的多寡與植株的

高矮，來決定盆栽擺放的位置，其次是花朵開放的方式，花朵向下開的如吊鐘花等，就可以掛的稍微高一點。花朵側開型，的如小香菫、桔梗、羽扇豆等，以眼睛的視覺高度來配置是最理想的。

至於花朵向上開的絲河菊和馬格麗特，就可以直接擺在地上，由上往下看來欣賞。但偶爾蹲下來，用另一種角度欣賞絲河菊的紫色小花，或從花葉間的縫隙看出去，會發現不遠處的藍天正在向我招手。如瀑布般的紫色美女櫻，則點綴在金黃色的香冠柏身後，又會發現另一種視覺美。

有了部落格之後，經常會收到讀者來信，詢問有關植物方面的問題，最常見的是玫瑰的問題，比如花開得不好，或是病蟲害等。很多人都知道我擁有許多的玫瑰，或者以為我特別鐘愛玫瑰，其實我自己也不知道，應該說很多植物我都喜歡，並非單戀玫瑰而已。

在我的世界裡，如果有所謂的一見鐘情，大概也只有發生在植物身上，就像第一眼看到絲河菊，如細絲般的綠色葉子開滿紫色小花，中心點綴著黃色的花蕊，輕柔的訴說著屬於自己的春天故事，既不喧嘩也不吵鬧。

記得有一回讀書會讀了《綠活》這本書，其中有幾段作者描述她的男性朋友，引起在座媽媽們一陣熱烈討論，其中有人提出「我們應該要有談得來的男性朋友」！此話一出語驚四座，已婚女性的男性朋友，這建議實在太聳動了。對於沒有同事的家庭主婦來說，幾乎是不太可能的，家庭主婦的朋友都是些婆婆媽媽，也可以說我們是存在二分之一的世界裡，因為缺少異性，所有觀點都只能算是女性的想法，這是我們後來的結論。

至於是否真的需要有男性的朋友？這種關

係其實還真有點危險，很容易擦槍走火，即使只是談得來，也很難保那一方會出狀況，所以還是要保持適當距離，但是和植物在一起就沒有這樣的顧忌了。比起和人之間的相處，植物的世界很單純，任何時候它們總是默默的守候著，那種感覺真的很好。

人的世界裡往往太仰賴語言，有些人話說個不停，其實說來說去內容都是差不多的，又或者說話只是發洩情緒的一種方式，因此只要靜靜傾聽就好了，不必發表自己的看法，這也是我在植物身上學習到的。

絲河菊

・菊科，多年生草本。
・絲河菊原名為「絲葉鵝河菊」。很像縮小的大波斯菊，所以日本稱為「姬波斯菊」，枝條柔軟易下垂，亦可做為吊盆盆栽來觀賞。喜歡涼爽乾燥的季節，不耐夏季高溫與潮濕，因此多做為一年生花卉栽培。
・花色：紫色系。
・高度：約10～15公分。
・花期：秋末～初夏。

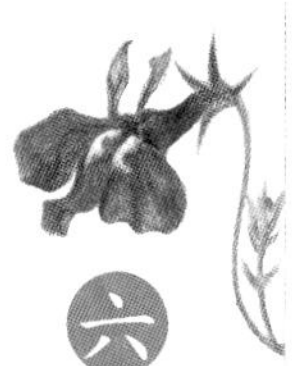

六倍利

藍色小星星

在春天接連不斷的雨，常令我懷疑這雨季是否會持續一個世紀！

偶爾幾天的放晴總會格外珍惜，陽光暖暖的灑在每一株植物的身上，花園看起來美極了。自生在細香蔥旁的六倍利開著閃閃發亮的藍色花朵，每一朵花瓣的中心有一圈白色的小點，像夜晚的星空，又像一群正在飛躍的藍色小魚。

很少有花能像六倍利一樣擁有如此耀眼的藍色，即使用顏料也畫不出這種像通過高溫炙燒的琉璃色彩！但是它最大的缺點是不耐雨淋，尤其是春天這種溫暖潮濕的雨，但又不能缺水，否則會迅速枯萎。去年連續兩年的春天，雨量明顯不足，在埋首園藝工作的同時心裡總擔心著限水的危機，那時花園正面臨前所未有的乾渴。

因此去年秋天在計劃種植的時候就顯得謹慎多了！畢竟把洗碗、洗菜的水，用水桶一桶桶的提到院子裡澆花實在是太辛苦了，也不夠用。只好像做虧心事似地利用夜晚澆水，一邊擔心會遭到別人的指責，沒想到今年的雨量又變多了，正應了那句「計劃永遠趕不上變化」的諺語。

連續幾天的好天氣，躲了一個冬天的癩蛤蟆紛紛從洞裡跑出來，在夜裡發出求偶的鳴聲，有一隻甚至還在六倍利的盆子裡挖了一個洞當作窩。院子裡的幾隻癩蛤蟆比我還早就定居在這裡，其中有一隻特別大，第一次在門邊見到牠時，龐大的體積還真叫我嚇了一跳。肥大的身軀常擋在門口，非得用掃把輕觸時才肯緩緩的向角落移動一下。

小時候大家都對癩蛤蟆有些恐懼，因為大人常會告誡蛤蟆會吹氣或讓人中毒之類的話，其實蛤蟆並不會真的吹毒氣，倒是牠的皮膚在遭遇危險的時候，會分泌一種輕微的毒液，讓輕視牠的敵人受到教訓。我的狗兒就是其中之一，只見牠嘴才剛碰到蛤蟆，下一秒已在一旁猛吐口水，有了一次的教訓之後，再也不敢輕視這看起來笨拙緩慢的動物了。

我想癩蛤蟆是一種對世間充滿信任又善良的動物！也因此這時節在社區散步時，經常會發現被汽車壓扁的蛤蟆，空氣中淡淡的腥味會讓我感到不舒服，所以只要蛤蟆跑到門邊，我就用掃把把牠們趕到角落以免跑出去。

蛤蟆不知道院子外的世界已經變得太多，這條路從十幾年前一天難得幾輛車子經過，到現在的呼嘯而過的車流量，已經不是一個靠信任和善良就能活下去的環境了，除非有某些程度的機警，和特別的好運。

山谷尚未被填土興建大批住宅的時候，有一條小溪，當年還可見零星的螢火蟲，在夏夜裡飛舞，以及不同季節的蛙類求偶聲。隨著不斷推出的建案，直到最後一片可以抓蝌蚪的小水塘，也埋沒在號稱利益共享的水泥別墅之下，我想我已經完全失去眼前的美麗山谷，是否 我應該考慮再出發去尋找下一個桃花源？

春天的天氣總像心情一樣多變，有時開心有時憂鬱。往往上午還出著大太陽，一會兒濃霧又挾帶水氣，沿著木棉路上蔓延上來，五十公尺外的世界已一片模糊，但我並不打算就此放下園藝的工作。

埋在地上的小水槽裡，佈滿了紫薇冬天的落葉，不知道大肚魚是否安然度過嚴寒？動手撈除落葉的同時，幾條小小的黑蝌蚪，從我的手邊游過。生命在這個小小的角落裡悄悄繁衍著，對他們來說，我的小花園就是世外桃源，也許我失去了可以遠眺的美麗山谷，但我可以試著經營身邊的天堂。

六倍利

・桔梗科，一年生草本植物。
・六倍利原產於南非，因其花朵像是一隻隻穿梭於花叢間之蝴蝶，因而又稱翠蝶花；喜歡涼爽乾燥、日照充足、排水良好的生長環境，乾燥季節需每日澆水，但長時間下雨的潮濕氣候，易導致植株腐爛。
・花色：藍色系、粉色系、白色系等顏色變化多。
・高度：約10～15公分。
・花期：秋末～初夏。

我的花園夢

酸甜苦辣的人生風景

春天的風陣陣吹來，風勢狂亂。新發的嫩葉在枝上幾番轉折，南風特有的氣味瀰漫在空氣中，風雖大卻很溫暖。

雲朵透露出詭譎，天氣看來瞬息萬變，一會兒狂風，一會兒黑雲壓擠過來，一會兒太陽，一會兒又下起雨來，幾乎要在一天過完所有的天氣！三兩滴雨落在筆記本上，我的咖啡在花園裡喝喝停停，不知是否該繼續下去？

寫文章，尤其是好文章，需要足夠的時間沉澱，和足夠的時間孤獨。日子如果過得太熱鬧就會忙於奔波移動，雖然常自嘲我的花園僅是彈丸之地，不過這一來一回的，走上一世紀應該也沒問題。只是白天沉醉於春天的花園，忙得像隻蜜蜂，等到太陽下山，園丁終於無所事事，卻又開始忙著操持家務。入夜之後腦袋隨即陷入一片混亂，昏沈的無法思考，巴不得能早早入睡。於是這日也不寫，夜又不能寫，作家生活顯然也沒有想像中的浪漫。

溫暖的南風夾帶大量的水氣從海上吹來，顧不得濕熱的空氣會讓屋內的地面變成一片濕淋淋，我像個小女孩般興奮的打開家中所有門窗。風從四面八方湧入，貝殼風鈴叮叮噹噹，多年前的墾丁記憶來到眼前，燦爛的陽光下海浪拍打著沙灘，樹葉沙沙作響……想起父親說過我母親的祖先是從海上來的。

雖然湛藍的海洋很美，但我只能保持距離欣賞它，不知道為什麼心裡對海總是有幾分畏懼。

有時我會想像我的祖先，究竟是在又濕又冷的冬季，冒著狂風暴雨上岸？還是在風和日麗的陽光下，海風鼓動著帆，順著海浪來到這塊福爾摩沙？

他們究竟是粗暴又殘忍的海盜？

還是懷抱夢想的偉大冒險家？

溫暖潮濕的空氣讓我的頭腦漸漸昏沈起來，年節期間誘發的頭痛，讓我很想躺下來休息。白頭翁正叫得起勁，偶爾也夾雜綠繡眼細碎的叫聲，此外就是像海浪一樣的風，一陣又一陣的搖晃著我的腦袋。直到一道刺眼的陽光在黑暗中爆炸開來，我驚醒過來，沒想到才睡了十分鐘，只好心有不甘的繼續在床上賴著。

這樣舒服的天氣為什麼我不能睡個一兩小時呢？有時不免自嘲自己生性勞碌不得閒，到底搬到山上後的我，實現了從小以來的花園夢想之後，是否有比以前快樂呢？

這當然是無庸置疑的。

人生中的每一個階段總是有苦有樂，絕不可能是全然的快樂，但是我們可以放大快樂的部份，就某些層面來說，人生是由煩惱築構而成的，因而我們總是能找得到煩惱來填補空隙。從開始有記憶以來，一路走來只能說人生風景酸甜苦辣，我們所下的每一個決定都會改變往後的人生，經常，我也會在走了一段路之後忘了出發時的初衷，忘了自己為何選擇這一條路，當時的滿腔熱情，逐漸淹沒在現實的洪流之下！

時時檢視太累，但偶爾要記得回頭看一下，我相信人生的風景並不是過去就不再回來，那些個酸、甜、苦、辣，總是周而復始，一如曾經有過的記憶不會被遺忘，它們只是被濃縮在心靈的角落。

董淑芬
百分百
天然醃漬
232

夏

漫長的雨季結束之後，夏天終於確確實實來臨了，
穿上久違的短袖洋裝，像隻花蝴蝶般穿梭於園圃之中……
春天的盛開的草花被我剷除殆盡，
思索著裸露的泥土接下來要種些什麼才好？
百日草？還是天使花？
夏天的庭園是綠色的世界！

白蝶花

下一個十年的約定

在日本的淡路島旅遊時，佇足在一區開滿白蝶花的小徑上，我興奮地對友人說：「嘿！這個我園子裡也有一株」。雖然因為生長在花盆裡，無法和眼前這些幾乎快跟我一樣高的白蝶花相提並論，但總是多了一份親切感。

遠居在日本的朋友送的「白蝶花」種子，算算日子，在我的花園裡已有三年的時間了。屬於多年生的草本植物，株高約一公尺，花期由每年五月開始一直到盛夏來臨的八月，種子落地又自行繁衍，因此除了送種子之外，有時也會送給朋友們幼苗。秋天發芽的幼苗要一直到隔年的夏天才會開花，漫長的等待裡，必須忍受這看起來和一般雜草沒兩樣的幼苗。

多雨的山城除了夏天以外，白蝶花並不需要特別費心地澆水，但需要充足的日照才不會長得歪歪倒倒，而我的陽光花園則專門栽種這些半野性的花木，即使是在夏天也可以安心出門，不必擔心無法天天澆水，而發生植物枯死的夢魘。

初夏成群的小白蝶在花園裡，也在我的心裡飛舞著，我會想起那個遠在日本滿園玫瑰的朋友，透過植物認識興趣相同的朋友，也透過植物記錄我的生活。花園裡每一株植物對我都有特別的意義，一起生活一起成長，一起渡過山城裡的風雨雲霧，記錄著我由一個平常家庭主婦，因為喜愛植物而發展出來的生活故事……

當年因香草植物而成為媒體喜愛報導的對象，事實上我對媒體的採訪很煩惱，也視上台北錄影為畏途，因為除了開車技術僅能應付鄉下地區寬闊的道路之外，還是個大路癡，偏偏這些課又都在台北，教園藝需要準備的東西很多，土壤、盆栽以及相關材料……等，非得要自己開車才行，幾次社大的邀約開課，都讓我猶豫再三難以成行。

因為一旦開始東奔西跑的教學或演講，生活便會失了秩序，當年辭去工作就是為了當個全職的家庭主婦，而步入青少年的孩子也需要多加注意。因此家庭和興趣無法兼顧的時候，我還是會選擇以家庭為重。

其實不管上媒體也好，或是出席活動和教學，對有出書的人來說，都有加分的功效。不斷地曝光除了人氣能扶搖直上之外，或許也有助於書籍的銷售。可是對於中年的我來說，到處奔波實在是件苦差事！我要那些名氣和人氣做什麼呢？同時這也違反了創作的精神，作者該做的就是把心目中想要的完成，接下來的事，其實無關作者。根據前兩年的調查，每個月光是出版的書籍和雜誌就有三百多本，剛出版的新書很快就會淹沒在這股洪流之下。

但媒體的力量著實驚人，正面又溫暖人心的事物透過媒體，可發揮更大的力量，也因為經常有機會上節目談園藝談生活，讓我能和更多的人分享。幾年下來對於台北的道路雖不再像當年那樣恐懼，可是除了慣常的錄影和上課的固定路線以外，對於其他的道路還是一無所知，更別說開著車子在台北的市區兜圈子，那鐵定會讓我神經緊張。

當初逃離都市來到鄉下就是為了安安靜靜的生活，而今卻經常得上台北分享園藝生活，人生的每一個階段似乎並不是依著計劃就不會改變的，就像白蝶花或許也從沒想過會離開日本在我的園子繁衍吧！而我又怎會知道自己會成為作家呢？

白蝶花

- 柳葉菜科，多年生草本植物。
- 適合全日照地點栽培，日照不足枝條瘦弱易倒伏開花少，喜好通風環境與排水良好的介質，春秋各施肥一次。開完花的花序若不剪除，很容易結籽耗損養分。
- 花色：白色。
- 高度：50公分～1公尺。
- 花期：夏～秋。

月桃

山城夜未眠

凌晨四點多外頭仍一片漆黑，花園裡幾隻蟋蟀的唧唧聲，緩慢而單調，沉睡的夜空裡漂浮著許多人的夢。微涼的空氣帶著青草的香氣環繞著清醒的我，夜如此寂靜，而我的夢又是什麼呢？雖然睡覺的時候夢很多，但無意識狀態下的夢，和夢想是不能相提並論的。

對我來說不能的實現的才叫「夢想」，努力可以得到的是「理想」，很多時候，理想也並不是一定要實現的，理想不如說是一種目標，讓我們有前進的動力，最後得到的也許並不是理想本身，而是過程中的成長與茁壯。

幾隻烏啾忽而嘎嘎地叫打斷了我的思緒，天還沒亮呢，這鳥也未免起得太早！

再過兩個星期就是端午節了，雖然天氣極為不穩定乍暖還寒，大花石榴的葉子禁不住幾天氣的低溫，忽而又將葉子落盡準備冬眠，野地裡的月桃無畏這突然的低溫，葉子依舊濃綠而肥碩。

搬來山上的第一個端午節，我吃到生平第一顆月桃粽子，滿滿的月桃香，是此生難忘的滋味，之後的五、六年間，每年端午節前夕，我都會親自下廚做這月桃粽。包粽子的當天，在社區的小路上採集新鮮的葉子，剪下來的葉片疊好後要向著葉背反方向捲好才不會變形。

初夏的蟬總在樹稍上叫得起勁，成串的月桃花沿著路邊開放著。記憶裡的夏天總是如此豐饒而美好，直到我的生活越來越忙碌，往昔那樣閒散浪漫的生活不再，月桃粽就這樣被擱置在心靈的角落裡。

前年夏天馬路對面的花台，不經意的長出一叢月桃，隨著時間逐漸巨大起來，每天匆忙上車前，碩大的葉子總像在對我招手，使我已經模糊的記憶又逐漸清晰起來。但真正促使我再次包粽子的原因是，今年兒子要參加基測，「包粽、包中」替兒子討個吉利，我還在裡頭加了「棗子」，不但「包中」還要「早中」，一次就能考上理想的學校！

包粽子其實不難，麻煩的是準備材料的手續，通常我會在前一天的早上採買所有材料，五花肉、香菇、蘿蔔乾、竹筍、油蔥等，材料也不必過於複雜，單純的餡料才能吃出月桃粽的美味。反而是坊間那些每年推陳出新、五花八門的粽子，新奇有餘卻失去了粽子真正的味道，永遠不會在我心裡留下記憶。

小學時因為母親生病的緣故，父親對我說：「今年換我們來包粽子吧！」於是父女兩人坐在小板凳上，很快的我便學會了包粽子的技巧。沒多久，竹竿上便掛著一串又一串等待下鍋的粽子，熱騰騰的鍋子冒著白煙，屋子裡滿是竹葉香，年幼的弟妹們玩著自己的遊戲，偶爾跑過來張望一下。

每當我包粽子時，總會憶起那段童年的時光，許多記憶裡總有父親的影子，母親的影像反而模糊，能談的話題也不多，青少年的歲月裡，始終存著對母親難以釋懷的埋怨。直到自己也當了母親之後，隨著兩個孩子的日漸成長，終於明白父母對子女的愛有許多不同的表現方式。身為父母的我們不可能樣樣做到滿分，但和孩子們培養感情，或當個全職的家庭主婦伴他們成長，自己也彷彿又重溫一次童年時光。

忙碌了一早上，共包了八十顆翠綠的月桃粽，分送給鄰居朋友後已所剩無幾。打開月桃粽的葉子，糯米粒中均勻混合著意仁、糙米、米豆等穀類，一口咬下飽含月桃香的粽子，細細咀嚼不同的餡料，每一口有不同的滋味。

月桃

・薑科，多年生草本植物。
・早年農家用月桃莖狀的葉鞘，曬乾後編製成草蓆或做繩索，而月桃葉可用來包粽子或包裹食物蒸煮，端午節前後正是月桃花盛開時，但花朵極易凋落不耐水插，因此還是讓其保留在枝條上較好，秋末種子會轉為美麗的橙色，是很好的乾燥花飾。
・花色：白。
・高度：1～2公尺。

阿勃勒
六月黃金雨

天色微亮，四面八方傳來的鳥鳴聲，讓原本該是寧靜的早晨突然變得熱鬧非凡。成群的綠繡眼在阿勃勒的枝葉間跳上跳下，細細碎碎的輕聲細語；烏鶖粗啞的聲音從電線桿那頭傳來，肥胖的斑鳩咕咕叫著邊飛過樹叢，五色鳥在電線上頭呼嚕嚕……天氣暖和之後食物變得充足，所有的鳥都回來了，這一切看起來如此和諧而美好。

五月的阿勃勒開始落葉，新葉帶著花苞由枝幹間竄出，花苞生長的極快，長長的花穗垂掛在翠綠的新葉間，讓我忍不住早晚都要在樹下抬頭仰望，數一數花苞到底有幾串，就像在葡萄樹下，等著果實時成熟那種期待的心情。隨著日漸暖和的天氣，很快地金黃色花穗就在微風中輕輕擺盪，串串如鈴，叮叮噹噹，夏天就在這樣的美景中降臨。

種下五年的阿勃勒，前兩年只開著零星短小的花穗，今年算是第一次盛開，那年不知何故在春天買了兩株一公尺的樹苗，當然我的院子是無法容下巨大的阿勃勒，更何況是兩棵，正好兒子的同學家門口有個小公園，因此其中一株就在公園裡落角，剩下的一株被我安置在牆外緊鄰著馬路。夏天的阿勃勒茂密的枝葉和壯碩的樹幹，常吸引許多鳥兒來訪，而樹下也非常的涼爽，在夏天裡擁有一株大樹毋寧是一件幸福的事。

一日午後我正在園子裡，一隻小型的鷹，迅速掠過我的頭頂，在我還未搞清楚究竟發生什麼事時，牠已從芭樂樹上攫走了一隻麻雀，停在阿勃勒樹上，留下一臉驚愕的我。

和阿勃勒的邂逅始於少女時期，那時只是由雜誌裡欣賞著阿勃勒壯觀的金黃花海，並未親眼目睹過。依稀記得那篇文章裡寫著一個年輕人因病而未能完成的故事，故事裡有著阿勃勒與對愛情的期待。時間行走如雲，而我也由幻想愛情的少女，成為務實的中年婦女，也終於擁有一株屬於我自己的阿勃勒。

佇立於金黃的花穗之下，風來了，落下一地黃金雨。陽光穿透翠綠的新葉，藍藍的天就躲在枝葉間，我知道我將會擁有一個燦爛的夏天。

花謝之後的阿勃勒，會結出長長的果實並在冬天成熟，剝開種莢可見黑褐色的種子，一格一格整齊地排列著，也因此阿勃勒有個「臘腸樹」的別稱。在聖誕節時把綠色果實用紅色的麻繩綁好，可當成門上的裝飾增添幾許季節感，而自然乾燥後的果實雖然會變成黑褐色，但卻可以擺上多年不壞，直到不想要為止。

原本只存在於記憶裡的阿勃勒，而今只要伸出手就能摸得著，真實存在的現在會變成過去的記憶，而原本可能只能存在於夢想的事情，卻成了隨手可得，人生可能是平凡單調，但同時也蘊含著無限的可能。

去做就會改變！

阿勃勒

- 豆科，落葉或半常綠喬木。
- 喜歡溫暖與充足的日照，原產於印度的阿勃勒同時也是泰國的國花，初夏時滿樹金黃色花，所以又名「黃金雨」。由於樹型高大，一般多作為景觀樹或行道樹之用，不適合小空間庭園及盆栽栽培。

蝶豆

天堂裡的花

小時候我一直以為花是從天堂裡來的，也許是某個天使在夜間種下的。

凝視一朵花的內心，裡面有我們不知道的秘密。

一整個夏天人懶洋洋的，只顧著聽風、聽蟬，真要做事卻是總少了點勁。時間的腳步越來越快，還未回過神來又匆匆過了一個禮拜，有點心驚。其實在夏天來臨之前，我早已經做完了園丁該做的事，那時播種的蝶豆，此刻在豔陽下開著琉璃般美麗的藍色花朵，層層疊疊由內向外翻轉而出的藍色花瓣，猜不透蝶豆的花心在那裡，而屬於那一年的記憶又在那裡？

時間回到七、八年前秋天，在陶藝家朋友的園子裡，我們在戶外開著讀書會，每個人負責帶一道食物，我準備了鈕扣形狀的義大利麵料理，陽光下一群小朋友們正玩著掉落在地上的大柚子，你爭我奪當成足球踢。

而阿國熱衷地為大人們細說近來園子裡所發生的種種事情，包括在夜裡歸來和一條蛇的正面遭遇，以及即將開闢的小茶園計劃等。順手從花架上摘下幾枚枯黃的豆莢，囑咐我們在明年的春天播種。

剝開豆莢裡頭是蝶豆的黑色種子，隔年許多豆莢又從我的手中傳遞出去。一位園藝前輩曾經說過，不可以向人要求花卉或種子卻不付費，這樣一來會欠下來世必須償還的花債，因此主動送人種子就可以避免這種事情的發生。

・（左）秋天，綠色的豆莢垂掛在枝葉間。
・（右）夏天的蝶豆花，深藍的花朵，舒緩了炎熱的煩躁。

已經有好多年未曾再造訪峨眉山坳裡的朋友，有時看看十年前的照片，攜家帶眷的朋友們，每個人笑得那麼開心，陽光依然燦爛，但照片中的人們有些卻已失去聯絡。雖然也會想念朋友，但不知該用什麼理由，才能讓自己挪出一天的時間，和朋友閒話家常，聽聽風看看雲，又或者什麼話也不必說。

中年之後最怕的就是想得多、說得多，但卻做得少。聊天太久，事實上是頗為耗神的，已經認識這麼久的朋友，似乎也不需要透過常常見面，才能維繫彼此的友誼。

蝶豆的種子垂懸在枝葉間隨風擺盪，季風掃來一地的落葉，在院子裡轉了一圈，成堆的積在角落裡。為了避免傷春悲秋的心理做祟，我必須快快拿起鏟子走進花園，或者，給自己煮杯濃厚的卡布其諾咖啡再加一塊大蛋糕。總之做什麼都好，只要別呆在原地光坐著，緬懷著過去的美好時光，下一個十年的美好回憶要從現在開始累積才行。

瑩琪說：「一直向前走是治療憂鬱的最好方法。」

當然我並沒有憂鬱症，只是文人對於季節的變化總是比較敏感些，而我既非文人也非農人，自由自在的跟著感覺過生活，只能說「半農半文」的身份真好。

蝶豆

・蝶形花科，一年生蔓藤植物。

・蝶豆又名「藍花豆」，原產於台灣、印尼，喜歡溫暖與日照充足的生長環境，其植株可做為牧草飼料、綠肥等。花謝後會長出豆莢，嫩莢據說雖可食用但口感並不好，因此鮮少人食用，主要還是以觀花為主，或採收成熟的豆莢，做為來年播種用。

・花色：藍色。

・高度：1～3公尺。

・花期：夏～秋。

向日葵

太陽的女兒

山上的六月其實還不夠像夏天，如果不出門根本不知道高溫早已籠罩大街小巷，也無法體會這時節到底熱在那裡？山上的生活安靜又平淡，濃郁的七里香瀰漫在空氣中。下了山，一大片的向日葵花海佇立在休耕的稻田裡，巨大的花朵永遠朝著太陽的方向，遠遠看去像一個個巨人。

短暫的夏天總會讓我份外珍惜，那喧嘩又吵雜的蟬叫聲，對我而言是夏季的天籟之音，總能撫慰患得患失的心情，即便是清晨四點就開始吱吱喳喳的鳥鳴，也像一首偉大的交響曲般高潮迭起。

也許是因為太喜歡夏天，我的睡眠如夏天的夜日漸短少，也因此中午的短暫休息對我而言格外重要。從睡夢中驚醒的午後，外頭依舊炎熱，沒有蟬聲，這樣昏沈醒來的當兒，腦袋醒了身體卻還賴著，總會有一絲陰影從心底深處緩緩升起，也許是覺得不該浪費時間在睡眠，儘管我起得太早！

不管如何珍惜，光陰依舊在我的指縫間流逝，無法留住一絲一毫的無力感籠罩著我，像是對於生命短暫的無奈與恐懼。從窗外吹進來的涼風，總會適時地將我由這種低落的情緒中喚醒，知道能擁有這樣的午後是幸福的，該振作起來開始下午的工作，太陽早已移出園子，此刻所有的植物和我一樣又渴又累。

．夏天盛開的美麗花園，得自於春天的勤勞，園藝就是要按部就班，勤勞不懈。

小時候母親常說我是「太陽的女兒」，縱使夏季炎熱如火燒，日正當中也不能影響我在田野間奔跑與追逐的興緻。那一件蓬鬆的洋裝揚起的裙擺，如草原上的蝴蝶忽上忽下，追著飛奔的蜻蜓，在水塘中撈魚，在田間捕蛙。那時我最大的願望是擁有一對翅膀，可以飛得更快更遠，像夸父般追著太陽跑，直到太陽落到地平線的那端才肯罷休。

因而總是沒能在母親規定的時間內回到家，就連接下來的禁足令也常當作耳邊風，照樣溜出家門繼續未完的探險。為此母親對我的懲罰愈加嚴厲，常常為了要處罰我，而感到筋疲力盡，卻總是一點用也沒有，也經常抱怨父親對我的縱容。

因為父親，我的童年儲存了許多美好的回憶，那些個天馬行空和誇大的故事，那個獵山豬的少年郎，總說自己年輕時有多帥，而我的母親可比電影明星還美！可是我卻只記得她總是扯開嗓門對我又吼又叫。因而對母親總是有一種疏離感，反而是對父親什麼話都敢說。

也因為嚮往著冒險，小小年紀的我幾次跟著父親做夜巡倉庫的工作，諾大的倉庫聳立在荒廢的田野當中，一輛報廢的舊公車是夜晚留守時的寢室，有時我們會在這裡過夜，父親會買來一個炸彈麵包，為我的冒險增添另一種趣味。

草原裡的蟋蟀和蛙鳴填滿夏天的夜，兩隻黑色的山犬晶亮的眼睛在夜裡閃閃發光。不過夜時就只是巡視一下，回程時我總是睡在父親的背上，走過一條又一條黝黑深遂的小路，「我的小海盜公主要回家囉」那聲音在夜裡迴盪，也在我的心裡。

向日葵

・菊科，一年生草本植物。
・喜歡溫暖與日照充足的生長環境，除了觀賞花朵之外，向日葵植株可吸取土壤中的重金屬，其植株含有豐富的氮、磷、鉀、鈣、鎂及鋅等主次要營養成分，亦可兼作為綠肥作物及供應土壤有機質。此外其種子可供榨油及食用，是一種高經濟價值的作物。
・花色：黃色系
・高度：視品種而定從50公分～12公尺都有。
・花期：夏～秋。

百子蓮
未完成的故事

梅雨鋒面帶來大雨，這幾年已鮮少再聽到過去那種雷聲隆隆震撼大地的驚天劇響，倒是有些地方雨勢大的驚人釀成災禍。山城的雨也不小，排水溝的水因宣洩不及整個往上噴出，大量的雨水沿著道路並挾帶路邊的碎石泥沙，一路奔騰而下。

入夜之後的雨聲像摧眠般伴我沉沉睡去，清醒之後雨早已停歇，而天就快要亮了。我在窗前等待黎明的第一道曙光，園子裡一片黑暗，錢鼠的吱吱聲在花園的角落移動，伴隨著在後面追逐的雪球，我打開落地窗輕呼一聲，小狗雪球輕巧的白色身影從黑暗的角落裡一躍而出，奔進屋內。

・美麗的百子蓮又有「愛情花」的浪漫別稱。

經過一整天的大雨，此刻植物也和我一樣靜靜地站著，等待太陽從山的那一頭升起。我常會想，植物真的是靜止的嗎？或許它們也和我一樣，表面看起來安靜，可是卻內心澎湃。也許植物是比人類更進化的物種也不一定，不需要語言就可以溝通，不需要移動可是卻能抵達我們到不了的地方。

栽培植物久了之後也會思考，這些植物真的都是靠我栽培出來的嗎？因為有一些植物的栽培出乎意料地簡單，像屋頂上的百子蓮既不澆水也不施肥，照樣開滿初夏的陽光花園。

第一次遇到百子蓮是在坂根太太的舊家巷弄，窄小的巷弄是一整排依山而建的三層樓公寓，沒有花園。但每一層樓都有一個陽台，這種建築的一樓在另一條道路上，而三樓的後門卻又是在另一條巷子裡，每隔幾棟房子，就會有一個長長的樓梯和其他巷弄相通，那種感覺很特別，有點像九份的街道但寬敞多了。晴天的時候白色灰泥的外牆，點綴著湛藍的天空，遠山青翠讓這裡又多一種異國風情。

認識坂根太太的第一年夏天，她興奮地指著對面人家的牆邊好幾盆盛開的百子蓮，在當年這還是稀罕的花種。一邊計畫著花期過後一定要想辦法和主人要幾株，因為這家主人的百子蓮是好不容易才從美國帶回來的，也因此不會輕易分給別人。很多散步經過的人都曾經向他要過，但都沒有成功，坂根太太有信心自己一定要的到，到時候她會分一些給我。夏天過去了，我早已忘了這事，直到秋天我從她的手裡接到兩枝小小的幼苗。

幾年過去，百子蓮越來越普及，到處都可以買得到。顏色除了紫色還有白色和粉色，而品種也分為大、中、小，我的是屬於中型的品種，開花的數量也最多。原先的主人因年紀大早已搬離山城養老去了，坂根太太也換了三倍大的房子，當起奶奶在家帶孫子，而我從一個單純的家庭主婦變成作家，百子蓮的故事還繼續著……

百子蓮

・石蒜科，多年生草本花卉。
・百子蓮又名「非洲百合」喜歡溫暖與日照充足的生長環境。盆栽栽培每隔2～3年需給予分株或換盆，土壤排水不良時容易爛根。春季開花前增施磷肥，可促進花開繁茂，花色鮮豔。開花後植株生長減緩，進入半休眠狀態，應嚴格控制澆水，宜乾不宜濕。
・花色：紫、白。
・高度：30～60公分。
・花期：夏。

大金雞菊

兩個女人的故事

因為喜歡植物的緣故，記憶裡總少不了植物的陪伴，而許多美好的回憶也都有植物的影子。在數位相機還不普及的時候，每個季節我都會拍下許多花園裡的照片，有時翻翻相簿就像閱讀日記般既溫馨又美好。看看剛搬來時那短的像男生的頭髮，再看看一陣子之後，燙起了中年婦女常見的捲捲頭，禁不住「噗嗤」一聲笑出來。

當時不知是那根筋不對，會做這種讓自己看起來老了好幾歲的造型，也難怪有一回我正在門口整理花草的時候，一位問路的機車騎士從後面稱呼我「歐巴桑」，等我一轉頭他才發現自己說錯話，連忙尷尬地道歉，但已經足夠讓我傷心好幾天。

像我這種喜歡園藝又不注重防曬和保養的女人，除了皮膚曬黑還會曬出很多斑，再加上粗重的園藝工作所鍛鍊出來的強壯體格，從後面看起來虎背熊腰的，如果再不注意一下穿著，也難怪會被當成歐巴桑。

剛來到山城時很喜歡頂著大太陽在社區閒逛，欣賞那些精巧的小花園，那時候我一直很納悶，這樣的好天氣為什麼大家都躲在房子裡不出來呢？直到有一天一位皮膚白晰的太太好心地提醒我，必須要防曬才行。因為山上不像都市有許多遮蔽物，紫外線對皮膚的傷害是更加直接且劇烈的，但聽歸聽，防曬美白這種事我還是不當一回事。雖然每次見面總要被叨唸一下，但還是成了很談得來的朋友，也經常會交換所搜集來的新品種花卉。

我的重瓣大金雞菊就是從她那兒來的，也因為每年夏天她的小花園一定會種滿大金雞菊，盛開的時候黃澄澄的

．高性種重瓣的大金雞菊，坊間極為少見。

一片，僅留一下一條小小的走道，進入屋子前人彷彿被埋沒在花海裡，像隻蜜蜂般流漣忘返，於是我暱稱她為「金雞菊之母」。

大金雞菊雖然花數眾多，但事實上並不採集種子，而是用插枝繁殖的，每一年秋天花期結束後，花莖上會增生許多側芽，等側芽成熟後會長出根來，此時就可剪下來重新繁殖。除此之外，也會從基部長出新芽，待新芽夠強壯時便可將老株整個剪除，也因此大金雞菊的數量會逐年爆增，似乎永遠都送不完一樣，而且越送越多。

兩個同樣熱愛植物的女人，同樣當過鋼琴老師，也同樣固執又堅持，只是我太過熱衷社區的公共事物，讓她有點受不了，偶爾兩人也為此爭論不休，終於漸行漸遠。參與社區公共事物幾年下來，曾經也讓我對人失去了信心，終於能體會友人會極力反對的原因。

・艷黃的花朵和紫色的天使花是完美的組合。

公眾的事情往往暗藏利益的問題，讓原本簡單的事情變得複雜，不像植物為它付出一分會回報十分那般單純。許多年過去了，現在的我對於那一段時間的付出，並不覺得是浪費時間，因為那也是一種學習，只是有些事情參與過了就好，不需要每一場宴會都要出席。

此刻大金雞菊又盛開了，過去那樣佈滿整個走道的華麗風景不再，轉而用盆栽安置在花園的一角，陽光下的黃色花瓣依舊閃耀。風來了，細長的花梗輕輕搖晃著，大金雞菊正在唱歌……

大金雞菊

・菊科，多年生草本植物。
・主要分佈於北美洲。金雞菊的生性強健、耐熱，因此可以在貧瘠的土地上生長，而耐鹽的特性，也是少數能在海邊生存的花卉之一。
・花色：黃色。
・高度：30～50公分。
・花期：夏。

·雖然曾當過鋼琴老師，但忙碌的日常生活讓我許久沒再翻開琴蓋。

黃梔子花

初夏的馨香

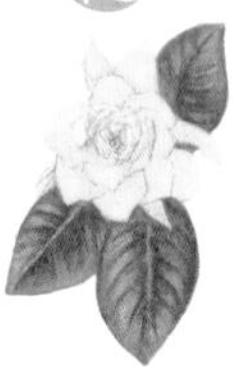

第一次和梔子花的邂逅在小學一年級時，尚未完工的介壽公園裡，人造的小坡上種了一大排梔子花，老遠就聞得到花香，每天中午放學時我總要到那裡繞上一圈，採個幾朵花放在鉛筆盒裡，然後才心滿意足地回家。

潔白的花朵不耐保存，一、兩天後就會枯萎成黃褐色，但一整個初夏我都有一盒香水鉛筆。那時鉛筆製造商剛上市了一款有香味的鉛筆，鉛筆盒能有個一兩枝，馬上就會成為大家羨慕的對象，買不起香水鉛筆就只好自己製造。

三年級時有一陣子抗拒上學，每天背著書包帶著便當躲在公園裡，在花叢裡在水池邊晃上一天，初夏逃學記憶裡滿溢著梔子花香。直到有一天母親為我送雨衣，逃學的事才被拆穿，被母親斥責了一下午，父親只淡淡地說他小學也常逃學，為的是想在榕樹下盪鞦韆，後來逃學事件是怎麼落幕的我也忘了。

· 成年之後，出走到遠方，成了另一種休息的方式。

其實我是喜歡閱讀的，但討厭上學，對我來說外面的世界比起學校好玩多了。無獨有偶的是兒子在幼稚園時，也逃了幾堂放學後的珠算課，在社區的籃球場晃蕩。也許是基因作祟，我的家族的人都有逃學的經驗，也因此我更加確定我的祖先一定是懷抱夢想的偉大探險家！

院子裡兩株黃梔花佔據著花園的大角落，盛開時的滿樹的白花反射著陽光，在一片綠色的院子裡格外醒目，巨大的花樹讓空氣中混合著溫暖潮濕，與香甜的氣味。搬來山上時特別種下的梔子花，已陪伴我渡過十多個春夏秋冬，成了兩株茂密又結實的老灌木。

每天早晨趁著花朵即將綻放之際，採下一束插在花瓶裡，屬於夏天的記憶瀰漫在空氣中，記憶雖無法複製，但黃梔花的香味卻永遠不會改變，年復一年益發濃郁。白花帶給人純淨又高雅的感覺，而在自然界的香花植物裡，白花所佔的比例最高，反而是那些色彩鮮艷的花朵少有香氣，這也正反應了植物世界的奇妙。

梔子花開象徵著夏天正式到來，告別了寒冷潮濕的春天，趁著天氣晴朗很認真地在花園裡工作了一個上午，經過漫長的雨季土壤變得既鬆且軟，雜草叢生點綴著蔓生的野花，和初秋時堅硬乾燥的土塊比起來，這個季節的園圃工作如果不要算上拔草的部份，可說是輕鬆多了。

一個人默默蹲在角落裡挖掘，腦袋一片空白什麼事也不必想，只需專注於眼睛所看到的部份，耳朵聆聽著四周傳來的聲響。肥胖的蚯蚓隨著土壤被翻出來，慌張地又鑽回土裡。正在學飛的白頭翁幼鳥落在院子裡，成鳥焦急地在樹上啾啾叫個不停，我在小小的園圃裡種下所有剛買回來的菜苗，為小黃瓜立上了支架，並在另一區的空地裡插上地瓜葉的新枝條，一切看起來是那麼的熟悉。

去年的夏天，前年的夏天，許多年前的夏天，彷彿都是昨天的事情！

黃梔子花

・茜草科，常綠小灌木或小喬木。
・花朵具有香甜的氣味，會吸引許多細小的昆蟲，一朵黃梔花約可開三到五天，在凋謝前花瓣會漸漸變黃。原生的單瓣品種花謝後會結果，是早期的天然黃色染料。

夏堇

夏天的禮物

期待已久的夏天總會帶給我神秘的禮物，有時是冬瓜，有時是南瓜，而蘿勒、青紫蘇和夏堇，則是年年都不缺席。今夏除了冬瓜之外，還有蕃茄在花盆裡自顧自的生長著，隨著日漸升高的氣溫，大蕃茄轉眼已結實累累。

第一次擁有一株大蕃茄樹，自生的植株格外強壯，我想今夏會有為數可觀的蕃茄可以收成。冬瓜的葉子則是爬了一地，不知道究竟會長出什麼樣的果實？是特大號的長條冬瓜？還是小個子的芋頭冬瓜？光是猜想都能感到無比地快樂。雖然我不確定小小的栽培箱是否能供應冬瓜結果時所需要的養份，但花園裡總是會有意外的驚喜不是嗎！

夏堇是每年夏天自生的花種之一，由於植株矮小根系淺，可防止大雨沖刷土壤所造成盆土的流失或噴濺，在夏季亦可保護木本植物的根部。友善的夏堇喜歡充足的水份，日照不足的角落也可以生長，但陽光充足時花可開得更多顏色也更鮮艷，可和任何植物共生。

當你不想要的時候也很容易就可以清除，或者嫌植株長得太高時也可以任意修剪，因此可以放任生長。但成群結隊的藍冠菊，因體型高大茂密並具有侵犯性，會影響原有的植物，就需要適度的移除，僅留下一株就夠了。

至於像蘆莉那種會到處竄生走莖的幼苗，就要毫不客氣的鏟除殆盡，或者直接將它們趕出花園，移植到馬路對面無人管理的花台，或圈管在花盆裡，才不會泛濫成災。這些我想要移出園子裡的植物，往往是許多人眼中的寶貝，我很樂意分享給鄰居朋友甚至是路過的陌生人。

天底下最簡單的快樂，也許就是從擁有一株植物，或一顆種子開始。

有個諺語說：

如果你想快樂一小時，不妨開個舞會；

如果你想快樂一週，可以殺隻豬然後大塊朵頤；

但是，如果你想快樂一輩子，做個園丁吧！

栽培植物一點也不困難，比起辦一場舞會事前事後的準備工作，或殺一頭豬這種充滿暴力的事情，栽培植物顯得更容易不是嗎，為此我們有什麼理由不選擇做一個快樂的園丁！

夏堇

・玄參科，一年生草本植物。
・原產於越南，喜歡溫暖的氣候夏季開花，其花朵外型像是堇菜科的草花，所以被稱為「夏堇」。日照充足的屋頂、陽台、花台，夏堇能開花不斷。雖然夏堇耐旱，但土壤常保濕潤有助於生育，成熟的種子落地後，也能萌芽開花。
・花色：紫色系、粉色系。
・高度：20～30公分。
・花期：夏～秋。

・如果你想快樂一輩子，做個園丁吧！

天使花

夏日天使

夏天的花園是天使花的舞台。由於它具有如大蒜般強烈的氣味，因此幾乎沒有蟲害，唯一害怕的是長時間下雨，和日照不足而導致的白粉病，整個植株癱瘍倒伏，此時就要修剪整枝，讓花期可以從夏天一直延續到秋天。

在懶洋洋的夏天裡，天使花可以讓花園不至於因為懶散而荒蕪，只要天氣持續溫暖，甚至在冬天也可以盛開。最早引進的天使花植株高度可達一公尺，能適應溼地的環境，因此有

．炎炎夏日，花朵常因高溫而虛弱，適時汰舊換新和修剪可維持花園的美觀。

些水池的淺水處也會栽種天使花，天使花不怕熱，因此在日照充足的地方生長得特別好，也才能花開不斷。

高性種的天使花，比起矮性種需要更多的日照，日照不足會光長葉而花不多，枝條歪歪倒倒，不僅淩亂也無觀賞價值，加上顏色種類較少，因而逐漸被矮性種所取代。

其實我喜歡高性種的花卉，像金魚草、飛燕草、百日草等，高大的草本花卉在花園裡不僅極具份量而且有層次感，開起花來也很壯觀，缺點就是要為他們豎立支撐以防倒伏。

而高性種的花卉較不適合盆栽，需要很大的盆器才能提供足夠的生長空間和保持水份，

・高性種要選擇適合的大盆器栽種，除了能幫助植物生長，視覺上也很美觀。

陽台因為受限於日照和空間，一般來說矮性種的花卉會比較適合。

近年來生態花園的觀念逐漸被許多人所接受，所謂的生態花園，並不是要讓雜草叢生，或僅限於地面的花園，而是使用自然的方式，來維護庭院或陽台的美觀與整潔，並提供水缽和開花植物的花蜜，歡迎鳥類和昆蟲們的造訪。

健康的花園裡一定會有各種生物，很多人不明白這個道理，見到病蟲害就想噴藥，對付雜草就用除草劑，希望花園裡永遠不要有不速之客。如果這些藥劑真能一勞永逸，那雜草和蟲害早就絕跡了，而長期使用這些毒藥，人真的能置之度外嗎？

但真的可以不必管蟲害的問題嗎？一開始或許不會很順利，也可能會發生葉子被吃光，或植物死掉的情形。不過這時候身為花園主人的你，真正需要做的是，再去買一株新的植物，或是用捕捉等不會污染環境的方法。當然在花園裡看見毛毛蟲或蜈蚣，心理難免會有些害怕，擔心會跑進家裡，事實上昆蟲對人類的房子是沒有興趣的，即使有一、兩隻跑進來，也是因為迷路的緣故。

自己也是花了很長的時間，才了解花園存在的意義。原來，花園不是給人獨佔的。要有許多條件的配合，才能擁有美麗的花園，絕不是只因為勤勞的園丁。一個不使用農藥的花園，植物自然會長得好，花園裡每一種生物，包括所謂的害蟲，也有其存在的價值，也許是提供鳥類或其他生物的糧食。所以我們應該當個大方的主人，容許其他的物種在花園裡生存。

天使花

・玄參科，多年生草本植物。
・原產南美，喜歡溫暖的氣候，只要溫度不低於20℃，都能生長良好。選擇排水良好、日照充足的場所來栽種，光線不夠易導致植株徒長開花不良，由於花期很長因此花謝後要將花梗剪除，並施以肥料促進新芽生長，才能開花不斷。
・花色：白色系、紫色系、粉色系。
・高度：25～30公分。
・花期：夏～初冬。

矮牽牛

夏日朝顏

颱風真的要來了！這早晨安靜中卻隱約帶著不安，鳥兒們都躲起來了，除了烏啾還在呼喚牠的小孩。

天空佈滿著詭異的暗沉，滿是快速推移的雲朵。雨，開始有一陣沒一陣的下著，我在窗前發愣，像是在等待著颱風前來摧毀我的小花園，颱風將在入夜後登陸，明天過後這這繁花盛開的榮景是否還會存在？

·大門口種上幾盆茂盛的矮牽牛，讓郵差送信時，每天都有好心情。

心裡猶豫著是否要大費周張地把所有花盆搬進玻璃屋裡。垂懸的矮牽牛禁不起強風豪雨，一定要移入室內避風，而容易掉落的小盆栽，已被取下集中在花園角落裡，至於那些栽種在地面以及大型盆器裡的植物看來只能自求多福了。

夏天到秋天是的颱風季節，由於居住的地理位置緣故，颱風的風力並不會比東北季風強，但是所帶來的雨量卻很可怕，豪雨是所有植物的殺手，尤其對於草花類，以及在夏天奄奄一息的香草植物，一場颱風便能死傷殆盡。即便是木本類的灌木也東倒西歪，強風折斷阿勃勒巨大的樹枝也是常有的事，每次面對颱風所帶來的損壞，也不知道是那來的毅力與勇氣，總是能夠重新開始。

不可否認的，颱風過後的那幾天，面對滿園瘡痍與泥濘的園土，的確充滿無力感。如果這一年有個兩三個颱風，就會有秋天過後再開始栽種花草的想法。所幸對於園藝的熱情總會著鼓動著我，驅使我走進花園裡開始鬆土，除去受損的植物，扶起倒伏的小樹，土壤一旦整理好，要種下植物就顯得容易多了，由此看來花園小也是件好事。

炎熱的夏天草花的種類較少，我喜歡在門口種上夏日矮牽牛以及天使花，顏色的選擇以能搭配大門的粉紅和桃紅色系為主。夏日矮牽牛有許多顏色，花朵皺摺少也較冬季矮牽牛小些，薄而帶有透明感的花瓣看起來很清爽，只要日照充足，矮牽牛很容易就能長成滿滿一大盆。

信箱旁邊的牆壁掛上一兩盆，垂下來的枝條開滿花朵，讓郵差每天送信都有好心情。矮牽牛由於花量多，加上植株較大，除了補充水份之外，對肥料的需求也多，觀賞期間每個月如果能給予一次追肥，並經常剪除凋謝的花朵就能延長觀賞期限，但到了後期枝條過於延長時，則應適度修剪一半以上，以促進新芽的生長。

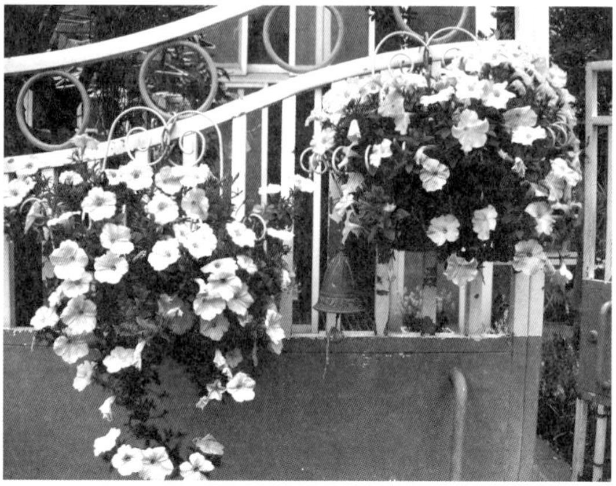

佈置花園時，除了花色和花種以外，如果能注意到上、中、下的平衡，適度地用一些吊盆、壁盆或大型盆器，不但可以充分利用空間，而且能讓小花園看起來有層次感。如果上層用的是桃紅色系的矮牽牛，那底下選擇栽培的黃色波斯，和三種顏色的矮種天使花，黃色會襯托出其他顏色的花朵，讓色彩產生跳躍的感覺。

矮牽牛

- 美人襟科，一年生草本。
- 因花朵形狀酷似牽牛花而得名，事實上和牽牛花毫無關係。矮牽牛花朵色彩相當豐富且極具變化性，種類繁多，但大致可分為耐熱的夏季品種，和秋冬季的耐寒品種，因此全年都有適合的矮牽牛供選擇。
- 花色：紫色系、紅色系、白色系、黃色系。
- 高度：30～50公分。
- 花期：夏～秋。

香雪球

植物為我寫日記

已經過了立夏，照理說天氣應該要好轉。可是潮濕的天氣，卻讓清晨的山城經常籠罩在一片濃霧之中，往年這樣的情形多半發生在冬春之際，入夏之後較為少見。雖說已入夏，但這裡的天氣依舊寒冷，一對小彎嘴畫眉來到我的園圃覓食，機警的在紫薇樹上觀察著園子裡的動態。

狗兒們還在屋裡睡的香甜，此刻甦醒的鳥兒們發出各種不同的鳴叫聲，夏天的早晨從來都不是安靜的。我上樓察看前兩天播種的莧菜發芽情形，只見花盆裡的土壤被翻成一圈圈的小坑，種子已被攪得一團亂，看樣子只得重新播種，會做這種事的只有喜歡翻砂的麻雀，不得以只好在盆子裡插上免洗筷來防止。

一、兩盆空著的花盆長滿了香雪球幼苗，鐵線蓮和玫瑰的腳下也不少。幾年前朋友從德國帶回來香草花園的種子，我將它們種在頂樓的陽光花園，之後黑種草和蜜蜂花以及香雪球，就這樣在我的花園裡漫開來，從這個花盆跑到另一個花盆。

依照園藝書籍的說法，香雪球是一年生草本，只在冬春兩季開花，可是我的香雪球卻四季不停地繁衍，連夏天也開著零星褪色的小紫花。在我因忙碌而無暇給予更好的照顧時，這些美麗的植物，總是像行事曆一樣盡職地提醒我，並勾起一些美麗的回憶。

我不能老是說我很忙，這時代誰能不忙呢？雖然生活已經有好長一段時間一直被追趕著，但我的心裡總是想，這樣的日子很快就會改善，不久之後我又可以恢復像從前那樣悠閒的生活，可以和三五好友在花園裡喝下午茶，可以好好地欣賞這些美麗的植物，可以坐下來靜靜地聆聽白頭翁為我唱完一整首春天的歌曲，可以為家人端出美味可口的點心……可是事實卻不是這樣，事情總是一件件接著來，永遠做不完似的。

其實生活也可以像寫文章一樣，適時用一點逗號，不必急著一口氣寫完。有時偷點閒放鬆一下，時間不夠就做短時間可以完成的事，喝杯茶看看書，做一點不費事的小點心。主動去拜訪朋友設定可以停留的時間，這樣一來就不用擔心會因為聊得太盡興，而捨不得要大家散會。

即使在雨季開始的頭幾天，也可以花個一小時為擁擠的香雪球移植，或者灑上喜歡的蔬菜種子靜待發芽，不一定要擁有一整天，或是一段很長的時間，這些零散片斷的生活，到最後也能組合成動人的篇幅。

香雪球

- 十字花科，多年生草本植物。
- 原產於歐洲、地中海沿岸。耐暑性弱，在本省遇梅雨季節即枯死，所以只能做一年生草花栽培。全日照或半日照均可栽培，日照不足枝條瘦弱開花少，喜好通風環境與排水良好的介質，屬十字花科因此和小白菜一樣容易發生青蟲危害。
- 花色：白色系、紫色系、桃紅色系等。
- 高度：7～10公分。
- 花期：冬～初夏。

・忙裡偷閒時，我最喜歡在山城中散步，看看鄰居庭院中又有什麼新鮮的植物。

鐵線蓮

綠手指的傳說

故事是這樣開始。

這片迤邐的紫色美麗花海，該不會是通往天堂的小徑吧！

聽說花園裡面住著一個名叫Flora的女人，留著長長的頭髮穿著蓬鬆的長裙，雙手戴滿了戒子，有時還塗著閃亮的指甲油，可是大家卻說她有雙綠手指。他們相信眼前這個女人，只需在花園裡隨處點一點，再和植物交頭接耳，所有的花就會乖乖地盡情開放，滿足每一個路過的人。

你，真的相信關於綠手指的傳說嗎？

為了和第一次合作的出版社充分溝通，專程去了兩趟台北，新任的社長熱情的為我烹調咖啡，然後坐下來靜靜的看著我：「妳一點也不像會種菜、種花的園丁！」當她知道我還是個舞者的時候，露出恍然大悟的表情同意地點點頭。

那麼所謂的園丁到底該是什麼樣子呢？粗糙的雙手、黝黑的臉龐還是健壯的體格，很多時候外表並不能完全代表我們的內心，喜歡園藝也可以穿得漂漂亮亮的，不一定要做素樸的打扮。園藝活動除了不分年齡性別之外，也不分職業，即便是舞蹈家或是音樂家，任何人只要願意都可以從中得到莫大的樂趣。

園藝家雖然需要勞動，但和真正務農的勞動者還是有段距離的。而喜歡種菜也不一定就要當農夫，生活裡隨時可以有新的樂趣，尤其是那些足以改善我們生活的事情，園藝讓我們得以享受家居生活，用不著每個活動都得往外跑。

當然綠手指只是一種形容，天底下豈有不勞而穫的事情，但園藝是一門很奇妙的科學，可以透過努力和學習累積而來，幾世紀以來人類一直都在和植物打交道，有一部份的人堅信植物是有感覺的，自然也會回報愛園人對它的付出。

栽種了五年的鐵線蓮，前兩年開得不大好，今年突然一次開了二十五朵花，連我也嚇一跳。除了紫色、藍色和粉紅色顏色之外，鐵線蓮尚有許多不同的品種花型，大小和外觀也有差異。鐵線蓮，又名風車花，是歐洲庭園常見的藤蔓植物，美麗的鐵線蓮曾經是我夢寐以求的花種。

手掌大的紫色鐵線蓮花朵，是坂根太太遠從日本帶回來的，因此對我而言別具意義，原本有白色、粉紫和深藍，但現在僅存深藍色。初夏開始盛開的鐵線蓮，藍色的花瓣在炎炎夏日襯著白灰泥的牆壁，看起來既浪漫又夢幻，藍紫色的花對於我，似乎有種不可抗拒的吸引力。

以前只能看著國外的雜誌乾過癮，從沒想過能擁有這麼多盆，得到鐵線蓮的第二年春天，我成功地用插枝法繁殖了一盆，送給從事花卉生產的友人，後來就再也沒嚐試過。我覺得喜歡的花種只要擁有一盆就夠了，不想小小的花園被植物塞滿，過多的植物事實上對花園來說並不好，除了擁擠也容易因通風不良招致病蟲害，同時也不美觀。

要知道「光是一堆植物擺在一起，無論它們長得多好，都不能成為花園」這句話出自英國著名的園藝家，我非常贊同他的說法。

鐵線蓮

・毛茛科，多年生蔓藤植物。
・其原生地為北半球但世界各地都有其族群分怖，喜歡日照充足、排水良好且涼爽乾燥的生長環境，是歐洲庭園中不可缺少的植物，由於莖幹無法直立，因此需要人工牽引，並固定於棚架才能生長良好。夏季多颱風豪雨要特別注意盆栽不可積水，高溫潮濕易導致植株死亡。
・花色：白色系、藍色系、紫色系、粉色系。
・高度：視品種而定約50～200公分。
・花期：夏～秋。

大花紫薇

擁抱夏天

夏天的園丁想要出走到遠方，因為夏天是我最喜歡的季節！

凌晨三點多我決定起身，夜色如此清澈，滿天星斗閃閃發亮，星河，靜靜地延伸至天際，也因為所有的人都沉睡了，天地才能恢復它原來的面貌。

夏天晚上在睡前，我會和孩子們搬著草蓆到屋頂躺著看星星，而一向沒什麼方向感的我們，竟也找得到北斗七星和天鵝星座，由於北斗七星看起來很像杓子，所以孩子暱稱為杓子星座，雖然這裡比平地略高一些，但由於人口及建築物的增加，空氣中的懸浮物多了，夏夜的星空經常是濛濛的。

幾聲雞啼劃破黑夜，白頭翁從山谷那邊回應，夏季的清晨依然透著些許寒意，很快地天開始亮起來，有些早起的人或散步或跑步的經過，接著是送報紙送羊乳的，於是我也興沖沖騎著單車加入早晨的行列。

單車沿著光裕北街的大花紫薇樹下滑過，閉上眼聆聽北風拂過茶園帶來的消息，能閉上眼睛真好，所有心煩的全沒入黑暗裡，因為不用眼睛就不會被外表的色彩迷惑，能看見這繽紛的世界固然幸福，但我們易用累積的視覺經驗，來判斷事情或間接影響情緒。

夏天的北街是社區最美的路！在所有的植物都不敵火辣辣的太陽時，大花紫薇撐著綠色的大洋傘，開著一大簇淡紫色的花，走在樹下，心情也會跟著涼爽起來，女兒小的時候，每次散步時總是以採路邊的小花為樂，當然不會錯過這碩大的紫薇花，但薄薄軟軟的花瓣一離開枝條很快就會皺成一團。

而綠色尚未成熟的果實，一大串的有點像綠色的番龍眼，同時也是兒子童年的大彈珠。北街由於路面平坦寬闊，加上車輛較少，所以一直是是社區裡散步或騎車的理想路線，尤其是夏天時整排的大花紫薇盛開，更是吸引每一個過往人的目光！花謝後結出的蒴果則在枝條上會停留一段很長的時間。有一回幾個散步的老太太，在樹下端詳了半天一個說是芭樂，另一個說像龍眼！

我微笑打一旁經過，有想像真好！

大花紫薇的葉子乍看之下和番石榴略為神似，也難怪會被誤認，但仔細觀察可以發現樹幹有粗糙的樹皮，不像光禿禿的番石榴，在最冷的季節裡會落葉休眠，而番石榴卻是終年常綠。

剛認識大花紫薇時，我以為這蒴果裡一定有大顆大顆的種子，沒想到它的種子薄薄扁扁的，而且稀少的簡直有點不成比例。而雖然有種子卻不曾見過幼苗，所以如果想要種一株大花紫薇，直接購買苗木會容易的多。蒴果乾掉後會裂開成美麗的星形，一串串褐色的星星做成聖誕節的花飾，可以保存很多年，直到不想要為止。

畢竟什麼東西都要保存下來，對人生往往是一種負擔，在這一生中也許會經歷許多令人難忘的事物，但我們很難真正永遠擁有。曾經，很要好的朋友，突然就撒手人間留下措手不及的我；而有些因為某些緣故，逐漸地就不再往來。

但朋友能豐富人生的旅途，並在需要的時候，給你一些提醒和鼓勵。搬來這裡之後朋友多了，逐漸的發現，這裡喜歡植物的人真不少！而每個人也有屬於自己和植物間的故事，只是有些人珍視這些回憶，讓它成為生活的一部份，而有些人的故事尚未開始。

大花紫薇

・千屈菜科，多年生落葉喬木。
・是台灣常見的行道樹，成串的紫花在枝條頂端迎風招展，是夏季美麗的景色之一。花後結球形核果，成熟前為草綠色，成熟後為黑褐色有光澤，入冬之後果實會裂開成星形，非常美麗。
・花色：淡紫色。
・高度：3公尺以上。
・花期：夏。

秋

秋天的天氣「一陣陰雨，一陣寒」正是重新整頓園圃的季節，
想要在春天有美麗的園圃和豐收的蔬果菜園，現在就要開始耕耘。
每當氣象預報會有幾天陰雨綿綿的天氣時，就是播種的好時機。
目送先生和孩子出門後，煮了一杯卡布奇諾一個人獨自飲著，
濃烈的咖啡在體內緩緩流動，
打開我的園藝筆記參考去年秋天的栽種記錄，
順手寫了幾行園圃裡的植物生長狀況……

蔓性天竺葵

打開一扇美麗的心窗

相信去過歐洲的人，都會被窗台上那一盆盆開滿花朵的盆栽所吸引。在台灣很難見到那樣美麗的窗台，並非我們的窗台環境不適合栽培花卉。其實那些歐洲窗台的花卉，在入秋後的花市裡都可以輕易地買到，像是蔓性天竺葵、三色堇、滿天星和長春藤等，只要加以組合也可以讓窗台有美麗的風景。幾次走在路上，那些從陽台上探出頭來的花，總會讓我停下腳步。

秋天的天空蔚藍無比，此刻心情顯得格外輕鬆，已經很久沒上菜市場了，過了一個冰箱空空的中秋節，連颱風那幾天吃什麼都想不起來，每天乖乖地呆在電腦前寫作，寫得不順利時，一天下來幾乎沒什麼進展，或者寫得正起勁，電話來了，然後禁不起誘惑又跟著大夥出門。

唉！是誰說生命就該浪費在美好的事情上？就這樣稿子也沒寫多少，菜也沒買的過了好幾個星期，直到家人連續抗議了好幾天，「為什麼我們家都沒有肉」，才終於提著菜籃上市場。

其實，我是喜歡去傳統市場尋寶的，喜歡看菜市場裡形形色色的小販，喜歡聽他們大聲吆喝，喜歡那種熱鬧又充滿活力的氣氛。只是下午的市場在經過一個早上的忙碌後，多半的小販都已經收攤回家休息，僅存的小販則看起來懶洋洋的，賣魚的老闆娘乾脆倚著攤子，就在路邊打起磕睡來了。

不同於上午的人聲頂沸，午後的太陽，落在空蕩蕩的攤位上，空氣中殘留著些許魚腥味。老闆娘睡得正香甜，原本該盤在頭頂的大髮夾歪斜在一邊，有點熱的太陽就這樣灑在她的臉上，我猜想她應該防曬也沒有抹吧，點點雀般清晰可見！但她是如此地安靜，任機車與行人從她身邊匆匆而過，臉上帶著一抹幸福的微笑。

買個幾樣根莖類的蔬菜，在午後的市場裡巧遇許久不見的朋友，寒暄幾句後，她說我怎麼都沒變！朋友天性喜歡讚美別人，又或許在她的心裡我是真的沒變吧！

只是怎麼可能不變呢？仔細看某些角度還是會透露歲月感，而眼神也不如從前般晶亮。

當女人面對鏡子裡或照片上，那日漸老去的容顏和日漸走樣的身材時，心裡多少還是會有一絲驚慌的，不同的是有些人選擇積極對抗，而有些選擇適應，習慣自己慢慢變老。

當身邊的朋友一個個進入更年期的時候，我知道自己也無可倖免！與其在外表花費心思，不如打開一扇美麗的心窗，就像那美麗的窗台由內向外，展現屬於自己個性的另一種美。

藤天竺葵

・牻牛兒苗科，多年生草本植物。
・藤天竺葵的葉片似長春籐，其葉片厚實光滑，無一般天竺葵的刺激氣味。全日照半日照或陰蔽處亦可生長，只是開花較不理想，喜歡乾燥的生長環境，潮濕或排水不良易使植株衰弱，最適合栽培於屋簷或走廊可避雨之處。
・花色：紅色系、白色系。
・高度：15～20公分。
・花期：秋～初夏。

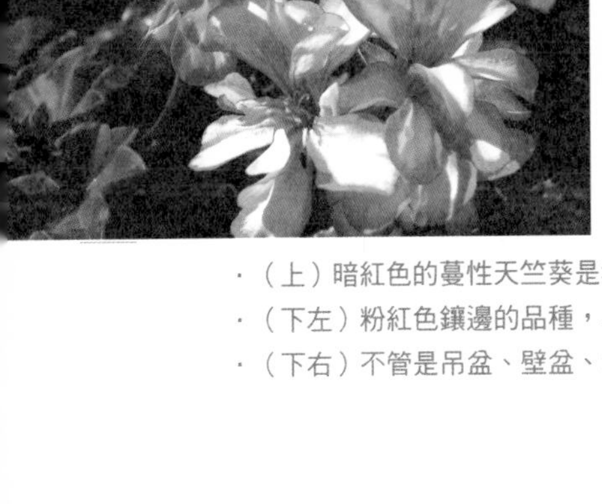

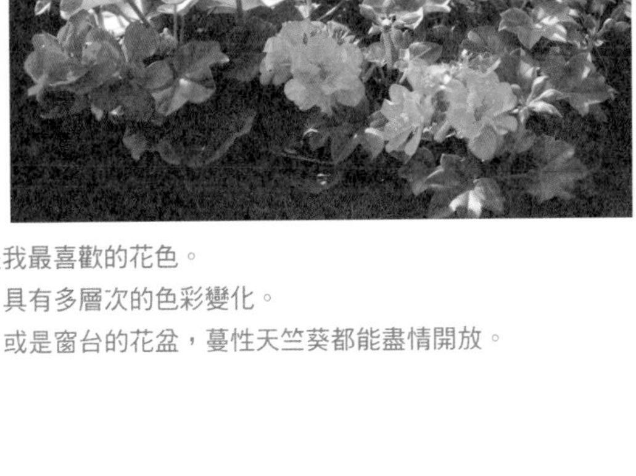

．（上）暗紅色的蔓性天竺葵是我最喜歡的花色。
．（下左）粉紅色鑲邊的品種，具有多層次的色彩變化。
．（下右）不管是吊盆、壁盆、或是窗台的花盆，蔓性天竺葵都能盡情開放。

香草

拜訪花園的禮節

從第一株香草至今，十年下來我擁有過無數的種類，當然也些只是短暫相處，也許只過了一季或是兩季便棄我而去，有些較久的兩年、三年不一。但即使是最強壯的迷迭香或是薄荷，每隔幾年還是要重新插枝繁殖新株，以免老株因颱風所帶來的豪雨而死亡，變得無以為繼。

不管是種香草或是用香草，在我的生活中已成為非常自然的一件事，曾經有幾年的時光，我的院子以栽種香草為主，但是夏秋兩季的颱風卻常教它們死得徹底，因此用量不多的香草，除了幾種需要地面才能生育良好的香草之外，其它的我又讓它們重新回歸到花盆裡。

而今我的香草植物多半在頂樓的秘密花園，我稱它為「Flora的陽光花園」。除了稀少的特殊香料，還有特別的花種，這是一處只能獨享，不能分享的隱密空間。不同於一樓的花園，也不會發生那種，當我想要安安靜靜地喝個茶，或者小坐片刻的當下，不時出現的路人在門外指指點點，而有些陌生人甚至會要求參觀花園，讓我深感困擾。

有些人不見得是真愛花，只是因為好奇來湊熱鬧，真正的愛花人會記得多數種類的植物名稱，而不是每一種都要問，我想無論我多麼的認真解答，想必也在轉瞬間便忘得一乾二淨。

而那些初次見面便要求要剪些枝條回去的，則比較像是來掠奪別人的花園。愛花人其實不見得喜歡被打擾，突然拜訪人家的花園，事實上是有些唐突的，更何況還要求帶走人家的植物。此外最尷尬的是突然來訪的鄰居，對著他們的親戚或朋友鄭重介紹，眼前這位披頭散髮的女人，是常常上電視的作家Flora老師時，還真恨不得能挖個洞鑽進去。

為此Lisa還曾經開玩笑建議我，上午八點到下午五點的這段時間，要把自己當成上班族般打扮妥當，以迎接任何一個突然出現的訪客。

也為了能有擁一個不被打攪的戶外休憩空間，因此在2006年的夏天，全家人一起分工合作，將屋頂的牆面和地面重新油漆整理，把原先雜亂的空間重新規劃，除了常用的料理香草之外，還有一區專種蔬菜，當然美麗的花草也是不可少的。

由於頂樓陽光充沛視野遼闊，雖然只用花盆栽種，但植物卻生長的比地面還好。尤其是這些地中海的香料植物，以及顏色總類繁多的萵苣，總將這裡點綴的像地中海的某個角落。一家人在這裡看星星，看夜景，看雲朵在天空自由自在的飄移，以及四季在山頭，變化出美麗的色彩。

要說真的還缺些什麼的話，應該是少一個露天的廚房吧！可以在香料花園裡，隨手泡個香草茶，或來個即性料理，還是露天香料BBQ等什麼的，也因這永無止境的慾望，讓花園永遠沒有完工的時候。

·我的陽光花園，香料、蔬菜、花卉應有盡有。

木棉

木棉巨人

有些秋意的山林，籠罩在薄霧之中，隨著旭日東升大地逐漸恢復色彩，一輛車沿著木棉樹下呼嘯而過，雖然我對這佇立在門前的巨大植物並不陌生，但似乎也甚少仔細觀察，因為高大的木棉和我實在有某些程度的距離，因而僅存在匆匆一瞥的印象裡。

木棉樹之於我的記憶，也許只是花開時的壯麗，抑或是年少時那首木棉道的歌曲深印我心，為此每當木棉盛開時，我總忍不住要在家裡高唱「紅紅的花開滿了木棉道，長長的街好像在燃燒……」，常招致孩子們的嘲笑，「又是這一首！媽媽難道不會唱別的歌嗎？」

秋天並不是木棉的花季，而有些甚至已經開始落葉，八月下旬立秋之後，雖然白天暑氣威力絲毫未減，但日夜溫差逐漸加大，木棉總是先知道季節的消息，濃綠的葉子開始變黃，隨著秋風起落，有些在樹下聚集成堆，有些則尾隨在急駛而過的車後，我喜歡竹掃帚掃著落葉的聲音，聽來頗富禪意。

掃起的落葉先用塑膠袋裝好，每次要種花的時候先鋪一點在盆底，一來可以讓泥土易於排水，腐化後的葉子含有有機質，是很好的肥料，用來種根莖類的蔬菜特別營養。或者將落葉覆蓋在植物的根部慢慢腐化，可以逐漸改善山上這種又黏又硬的紅土，由此可知落葉的好處真不少。

木棉在秋天落葉不過是換件新衣裳，隨後綠葉又會再次長出，等到冬天結束前的再次落葉後，木棉才正式進入休眠期，此時看起來雖然光禿禿，卻別有一番風情。充滿陽剛氣息的樹形佈滿大大小小的瘤刺，側生的枝條向四面八方平展，彷彿兩排巨人張開強壯的手臂，聳立在道路的兩側，陪伴著我走過灰濛濛又冷颼颼的漫長冬季。

二月份的時候，木棉的褐色花苞在枝條上逐漸長大，然後就在四月的某一天，突然「叭」的一聲就打開了！先是一朵兩朵，緊接著火紅的木棉開始由山下往上延燒，以前我一直納悶，為什麼社區的木棉花比山下開得晚，原來是因為山坡上溫度比較低的緣故，由此看來看來粗壯的木棉，其實有著一顆細膩敏感的心。

雖然平時並不特別注意木棉，但隨著花朵的盛開心情也跟著開心起來。等社區的道路陷入一片橘色的美麗花海時，車子行經樹下正巧被落下的木棉花「咚」一聲打個正著時，我們總先是驚訝，然後便是一陣歡呼。

社區裡的木棉不少，除了上山兩側的路旁，幾個小公園也有零星的分佈，只是因數量少較難展現壯觀的氣勢。記得剛搬到山上時，每天我都會帶著兩個年幼的孩子，邊散步邊撿拾掉落的木棉花，有時聚集成堆拿來玩數數，有時拿來串項鍊，又或者什麼也不做，撿回家擱在院子的角落裡。

等氣溫逐漸上升之後，花期也近尾聲，點點的綠開始在木棉道上渲染開來。隨著夏天的來臨，成熟的果實迸裂，南風和著知了聲，細白的棉絮漫天飛揚，彷彿夏天的雪打車窗前飛過。

有陣子幾個媽媽正熱衷於做布老鼠，裡面正好需要許多的棉花來填充，小朋友無意間發現木棉樹下堆了不少帶著種子的棉絮，高高興興撿了一袋，沒想到看來頗有份量的棉絮，一擠壓只有一丁點兒，連老鼠的頭都塞不滿！雖然身為過敏一族的我們，常因棉絮打上一整天的噴嚏，但我依然覺得這條路是最美的道路，四季如此鮮明富有變化。

但相對於兩旁的住家，也有人是不喜歡木棉的，因為春天滿地的殘花，夏天飛揚的棉絮，秋天堆積如山的落葉。除此之外，平伸的枝條會勾住電線，發達的根系會破壞水溝，但這並不是樹的錯，而是建商在種樹時缺乏深思熟慮的結果，社區的木棉樹常因為擋住出入口，而遭到轟然一聲倒下的命運。

我想起春天時那位住在埔心的婦人，常帶著她年幼卻患有神經性母細胞瘤的女兒，上山來看木棉花，相對於脆弱不堪的生命，壯闊的木棉似乎蘊含著生命的無限可能。雖然明瞭生命來來去去，一如木棉謝了又開，面對殘酷的命運，我們顯得無能為力。但我還是會盼望明年木棉花開時，能見到康復的小女孩由木棉樹下走來。

木棉

・木棉科，落葉性大喬木。
・在森林中木棉樹的頂頭往往超越其他樹木，故又名「英雄樹」以前也有人稱「烽火花」；木棉花亦可入藥，花後結橢圓形碩果，果實成熟後會裂開，白色棉絮會隨風四散。木棉種子含20至25%油份，可榨油製成肥皂及機械油；而榨油後的棉餅可作為肥料或家畜飼料。
・花色：橙黃至朱紅。
・高度：10～20公尺。
・花期：約3～5月。

忽地笑

倚賴記憶的養份

豪雨過後休眠中的金花石蒜忽而冒出土表，已經三年不曾再開過花，每年只長葉子，細長的葉片總在猛烈的季風之下孤單地搖晃著。春天的時候我將盆栽中的兩顆球莖移植到門外的花壇中，也許轉換一下環境會再次盛開吧。

這幾年我陸續將盆栽的植物移植到地面栽種，以減輕我的工作負擔，由於冬春兩季雨水多，盆栽植物即使不刻意澆水，也能生長良好。但到了夏天早晚澆水的工作卻成了一種負擔，即使早上已經充足的給水，到了下午還是乾的垂頭喪氣，而那些不耐熱的多年生草本植物，一旦疏於照顧很容易死於高溫的疾病。

也因此屋頂的植物到了夏天就必須移到院子裡，秋天的時候再搬上去，但是這兩年我不再做這樣的工作了，並不是因為失去對植物的熱情，而是越來越覺得搬不動這些盆栽。

十月的颱風帶來豐沛的雨水，粉紅色的鐵線蓮陣亡了，「忽地笑」用長長的花莖取而代之。原產於中國的金花石蒜有許多的別名，忽地笑、龍爪花、老雅蒜、黃花石蒜、山金針等都是，而我特別喜歡「忽地笑」這個名字。秋雨過後忽而開遍山野，見花不見葉，見葉不見花，金黃色的花穗就像秋天的陽光。

中年之後，似乎是倚賴著記憶的養份過活的，當我的身體累了心倦了，溫暖的陽光，一片葉子一陣風，都能將我帶離現實回到過去。

關於忽地笑的記憶，要從我最喜歡的書店，位於竹北的「草葉集」說起。剛搬離都市來到楊梅的那段日子，我常會專程驅車前往「草葉集」消磨一整天，裡頭除了書之外也供應簡餐咖啡，不想吃飯時就喝一小瓶進口啤酒。

・書就和植物一樣，是滋養心靈的養分。除了屋外的花園，屋子的一角也可以佈置一個屬於全家人的「書香花園」。

我喜歡那裡對待書籍的方式，每一本書都是經過挑選的，不會有那種如何賺進人生的第一個一百萬，或是快速瘦身等所謂的「暢銷書」。那裡也有一本我的《山城香草戀》，但我從未告訴她們我是這本書的作者。

「草葉集」是幾個志同道合的女生共同打造的概念書店，裡頭有許多DIY的傢俱，植物、陽光、空氣、書籍、手作所組合而成的書店，讓「草葉集」不同於時下一般的書店。那兩顆「忽地笑」的球莖，就是某年夏天在那兒買的，種下的第一年秋天開了兩枝張牙舞爪的金色花朵，爾後便消聲匿跡。當然植物種類眾多時，幾盆不開花並不會讓我在意，只是偶爾會想起已經結束的「草葉集」概念書店，想想那些個窩在書堆裡的時光。

此刻溫室裡迴盪著海角七號的主題曲《國境之南》，雪球正在做著牠的白日夢，而今我的溫室也不亞於那家書店裡給人的感覺，當陽光的影子透過窗子在室內流轉，那些個故事似乎鮮活了起來……

忽地笑

・石蒜科，多年生草本。

・金花石蒜又名「忽地笑」，具有碩大的地下鱗莖，是少數幾種原產於台灣的球根植物之一，主要分布在北海岸、蘇澳地區。喜歡溫暖的氣候金花石蒜可以生長在相當貧瘠的崖壁上，也因為外型亮麗搶眼，招致大量採集，野生數量日漸稀少。鱗莖有毒不可食用。

佛手柑

期待一場雨

每年都會在花園裡盛開的香草植物「佛手柑」，在夏天結束前會枯死，留下散落四處的種子，等待秋涼時種子再次萌芽生長循環不息。不過有一種長得像手掌狀的柑橘類水果也叫「佛手柑」，和屬於香草植物的佛手柑，是兩種完全不同的植物。

佛手柑有著層層疊疊的塔狀花序，唇形的花瓣整齊的排列成一圈，吐出的花蕊像火燄般點燃著，也因而佛手柑又名「火炬花」，顏色除了粉紅之外還有紅、白、桃紅等，我在日本的布引花園買了一包混合種子，打算用來播種，讓明年的花園開滿許多顏色的火炬花，但在這之前我得先期待一場雨。

不知道已經有多久沒有下雨了?大地一片乾旱，連路旁的雜草也跟著枯萎，高溫加上強烈的陽光，藍柏和鐵線蓮都生病，看來是沒得救了。雖然節氣卻已是立秋，但正值八月的天氣還是極為炎熱，持續的乾旱，遲遲不敢播種秋冬的花卉與蔬菜。雖然可以使用人工澆水的方式，讓土壤保持濕潤，但我還是認為應該再等一等，等太陽稍稍收斂它的光芒，等一場秋雨滋潤大地，再度喚醒沉睡中的植物。

每天，遠眺湛藍的天空，期待發現天邊一抹烏雲的出現。清晨的天空有時意外出現的稀薄雲層，總讓我充滿期待，心想今天會不會下雨?就像春天時連續下了一兩個月又濕又冷的雨，那種期待陽光的心情。

雖然期望不同，但心情卻是一樣的。一直下雨固然令人焦慮，但持續乾旱同樣令園丁憂心，節能減碳已成為當今最重要的課題，但事實上光是節能減碳是不夠的。

·佛手柑的幼苗。

想想炎熱的天氣真的可以不吹冷氣，還能穿得優雅舒適，還是願意每天頂著大太陽，步行到有段距離的地方，或是穿著美麗的洋裝騎著單車，一邊擔心裙擺被齒輪絞進去。我不得不承認在方便舒適與節能減碳中，存在著許多衝突。

越是方便所產生的環境問題越多，但世界已經進入另一個世紀，我們真的還可以再回到遠古人們的生活方式嗎？光是節能是不夠的，我們應該要更積極的造林，讓綠色的植物來保護大地，讓氣溫降低或至少不要再提高。

每個人都應該種上一兩棵樹，所有雜草叢生的土地都該用來造林，不管是不是農人，都要善待土地，使用自然的方法來生產作物。雖然我的一個專業的農業朋友，曾經用警告的口吻對我說：「如果不使用農藥和化肥，糧食一定會短缺，到時候我們必須用很高的代價來換取糧食！」但事實真的是如此嗎？我們現在所付出的環境成本恐怕也不小吧！

對的事就該去做，不要先設想會遭遇到的困難，不過就是改變習慣而已，種棵植物並沒那麼難。暑假將要結束，夏天也將遠離，我想乾旱應該不會持續太久的，找一個時間把土壤鬆一鬆拌點肥料，即使不種樹，隨便種棵植物也行。

佛手柑

- 唇形花科，多年生草本。
- 佛手柑又名「蜂香薄荷」帶有柑橘的氣味，但由於台灣悶熱潮濕的氣候，通常會在夏季枯死。喜歡日照充足排水良好的生長環境，嫩葉可用於調酒、製飲料、拌沙拉或填料；葉片可泡茶，也可作調味料，外用則具有殺菌的作用，是歐洲常用的香料植物。
- 花色：紅色系、白色系、紫色系。
- 高度：40～100公分。
- 花期：春末～初夏。

馬櫻丹

窗台上的臭臭花

入秋之後，窗台上的馬櫻丹開得茂盛極了，紫色小花從二樓的陽台垂了下來，遠遠看來像一道紫色的瀑布，強健的它，據說是世界十大雜草之一。這美麗的雜草在窗台生長了近十年，渡過了無數個寒冬與炎夏，茂密的枝葉也讓其他雜草無法生存其中，由於窗台並不是每天都會進出的地方，因此忘了澆水是常有的事。

不過馬櫻丹倒很能安身立命，靠著老天的眷顧也生長得極好。它的枝葉有一股特殊的味道，同時容易因接觸而導致皮膚過敏，栽培時要避免太靠近走道，所以陽台、窗台可說是非常好的栽種位置。當然這裡也並不是一開始就栽種馬櫻丹的，在嚐試多種開花植物之後，最後終於選擇了「雜草」，說雜草也不像，換成「雜花」倒貼切些。

居住在都市的時候，夏日午後柏油路上晃動的空氣，就像被焚燒過後般的炎熱，經過一個上午的喧嘩與吵鬧聲，直到幼稚園裡的孩童都放學後，校園瞬間靜了下來。完成每日例行的工作，步行回家時總會經過一家早餐店，那一大叢從二樓垂下來隨風擺動的雲南黃馨枝條，綠葉間鑲滿了鮮艷的小黃花，讓焚風也變得清涼，也讓這條小巷弄顯得與眾不同。

工作了一天走過店門口，心情格外輕鬆，偶爾也會妄想能擁有那一排綠色的瀑布。因此剛搬來山上的時候，我也在窗台種了一排黃馨，想要捕捉記憶中的亟光片羽，不過風大的窗台不要說是花，就連葉子都經常被風刮的光禿，僅剩下乾枯的枝條，反而讓心情焦慮。

移除了黃馨之後，改栽種波斯菊等必須依著季節更換的草花，一心想要維持花開不斷的窗台，但高溫的夏季水份蒸發極快，往往早上才澆過了水，到了中午卻已經垂頭喪氣一付快要枯萎的模樣。每天為了澆水而疲於奔命，最後終於選擇了馬櫻丹，以減輕園藝工作的負擔，又可以保持窗台上美麗的景致。

強壯的馬櫻丹非常耐旱，在難以保持水份的斜坡地也可以生長，同時對於肥料的需求也不像草花般索求無度，雖然盛開時濃郁的胭脂味也有人嫌其刺鼻，因而有「臭草」的別名。但儘管葉片腥臭全株有毒，搗爛葉片後取得的汁液外敷卻有消腫的功效，野外不慎遭蚊蟲叮咬時亦可救急。

近拍馬櫻丹的花有點像小喇叭，裡頭的花蜜常會吸引大批的鳳蝶光臨，這種花型在植物學裡稱為繖房花序，氣候溫暖的地方馬櫻丹一年四季都可以開花，是非常重要的蜜源植物，也是我選擇它的原因之一，五顏六色的蝴蝶在窗台飛舞，美好的時光不一定得從記憶裡尋找，也可以試著自己創造。

馬櫻丹

・馬鞭草科，常綠灌木。
・原產於南美洲及西印度，全株具刺激氣味，所以馬櫻丹也有臭草、臭金鳳等別名。由於花很容易開，所以結成果實的量也相當多，傳播性很強。・花色：紫色系、紅色系、黃色系、白色系、混合色系。
・高度：50公分～1公尺。
・花期：全年。

美女櫻　夢幻生活

渡過炎夏的美女櫻，虛弱又感染著白粉病，老化的枝條葉子稀疏，除了修剪、整枝以及覆土之外，每年秋天草花上市的時候，我會在門口的花台上，重新再種下一排美女櫻的幼苗，再將衰老的植株淘汰。

這些花苗會在冬天迅速繁衍茂盛，到了翌年春天，美女櫻就會盛開到極點，深深淺淺的紫色花海，加上其他種類的花朵點綴其中，美麗的鳳蝶穿梭其間，成簇綻放的美女櫻反射著陽光，讓人瞬間掉入一陣夢幻般的昏眩感，堅信這是一條通往天堂的小徑。

很多路過的人一直都以為我的美女櫻好像永遠都不會死，而且彷彿永遠都在盛開，因而他們想像Flora過得是一種夢幻的生活，坐擁一片永遠燦爛的美麗花園。其實我並不是天生的綠手指，只是從小就喜歡植物，一開始我也和大家一樣，會遭遇到心愛的植物不明原因的夭折，但也因為喜愛植物所以會特別注意和植物有關的知識，時間久了就會知道那一種植物需要什麼的照顧。

當然這有一部份是直覺，而有一部份是用心，直覺應該也可以算是經驗的累積。雖然聽不到植物說話，可是會覺得和它們溝通沒有障礙，除了給植物陽光、空氣、水之外，或許我還多了一樣「熱情」。

曾經也夢想等我有了一塊地，我要過著隱居的生活，自給自足過午不食，不問世事，像個神仙般不食人間煙火。能過著晴耕雨讀的生活，的確令人羨慕！同時也是我一直夢想的，只是究竟要多大一片的土地才能實現夢想呢？

或許夢想只是驅策我們前進的動力而非結果。

當我還是個中學生的時候，那時最欣賞的作家是席慕容和林清玄，還記得有一回讀到字裡行間的家務片斷，當時訝異著身為作家，竟然也要操持家務？作家的生活不是應該是什麼也不管的，只在書桌前除了寫還是寫！

洗衣灑掃煮飯此等閒雜瑣事仰賴他人代勞即可，那裡需要自己動手。直到，我自己也成了在家寫作的人之後，才深深體會到創作是離不開生活的，作家也是凡夫俗子，並非不食人間煙火，或刻意過著與眾不同的生活。

因為我們存在的是一個物質世界，自然不能免俗的必須為了金錢與生活而忙碌著，但是忙碌之餘我希望擁有自己的時間，做自己喜歡的事，洗衣、灑掃、買菜、下廚一個人安安靜靜的，這麼平常的生活不正是每個人都應該做的嗎？那裡夢幻呢？

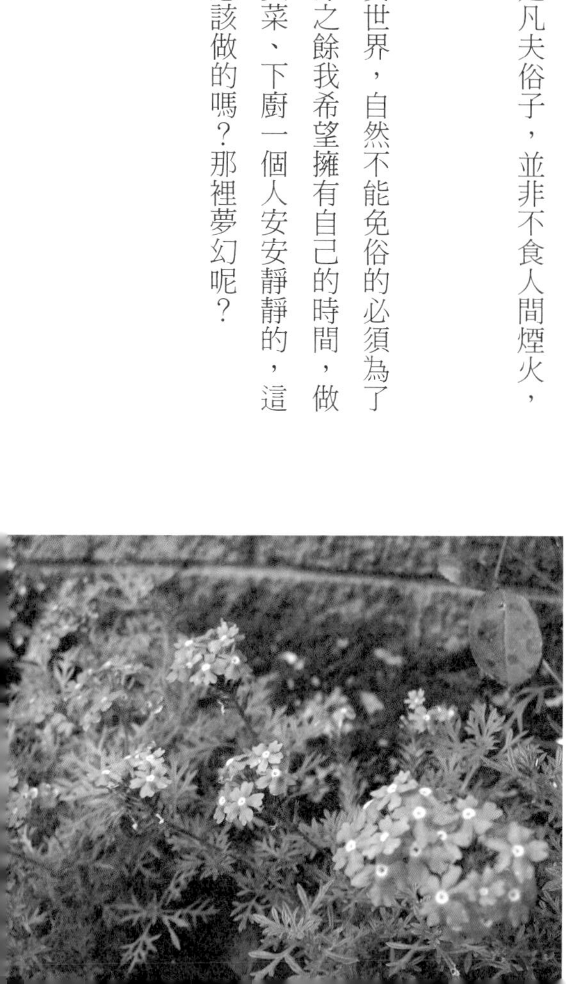

當然服務業發達的今天，樣樣家務都可以委外打理，三餐也可以在外解決，或者打開調理包按下按鈕，熱騰騰的美味只要幾分鐘，誰還需要做這些看起來沒有效益的家務呢？

我一直認為平凡的生活中才能活出真趣味，那些個家務瑣事也是真實的人生的一部份，讓生活回歸到最基本的部份，也唯有熱愛生活的人，才能擁有真實的幸福。

美女櫻

・馬鞭草科，一兩年生草本植物。
・美女櫻原產於南美洲，本為多年生草花，但由於台灣悶熱潮濕的氣候，故通常被當成一年生草花栽培。美女櫻性喜涼爽乾燥、日照充足、排水良好的環境，日照不足時易徒長，在夏季常因土壤濕度過高和悶熱而容易引起爛根及白粉病。

台灣欒樹

滿樹金花

季節轉換的時候，大地的磁場開始轉變，人似乎也變得敏感起來。蟲鳴鳥叫忽而消聲匿跡，有時也會讓我突然感覺到一陣寂寞，古人說「傷春悲秋」或許真有幾分道理。

天氣逐日轉涼，山上的秋天比平地來得早，梅花的葉子早已萎黃，日夜溫差越來越明顯，由於氣溫高加上風大乾燥，使我依舊要為了澆水的事情疲於奔命，但花園日漸復甦，一片欣欣向榮，雖然依依不捨的告別了夏天，但植物們卻有鬆了一口氣的感覺。

北風呼嘯揚起落葉灰塵，滿地翻滾的花盆，這秋其實並不寂靜而且還有點吵，沙塵讓我過敏嚴重，門窗也不敢像其他季節一樣敞開，但無孔不入的沙塵照樣讓窗台邊蒙上一層灰。這天氣常常一整天噴涕打個不停，腦袋一片昏沈神情渙散，只能隔著玻璃窗看著屋外東倒西歪的盆栽。

觀察久了我發現這季風吹襲似乎有跡可尋，如果隔天沒有停，那就表示會颳三天，如果三天還是沒有停止的跡象，那麼就是六天或九天，最長的記錄是連續颳了十二天的強風，剛種下的青花椰菜幾乎被連根拔起。

午後我正在準備明天讀書會的茶點「麥片餅乾」，這是一種在奶油麵糊外，沾上燕麥片後再烘烤的餅乾。讀了一上午的詩集，我迫切的需要從事一些世俗的活動，好讓我回歸到現實生活的思考與語言。

這一次我們讀的是「辛波絲卡詩選」，辛波絲卡被喻為當今波蘭最受歡迎的女詩人，文學評論家形容其作品有高度的嚴謹性與嚴肅性。詩集文字雖不多，但讀起來並不容易，讀上幾段便得闔上書想一想，坦白說有好幾次我幾乎想放棄，雖然同樣身為女性，但由於生長的環境和時空背景不同，我的思想似乎平凡又單純多了。

烤完了餅乾之後滿屋子的奶油香，風勢趨緩但我已無心讀書，決定外出走走。湛藍的天空下欒樹撐起了一把金黃色的花傘，季風搖晃著滿樹金花，點點的花瓣在風中飛舞。地面散生著許多欒樹的小苗，成簇挨在一起的樹苗都長得矮小，唯獨落在較遠處的兩株樹苗長得特別高大，我無意想起詩篇中的隱喻，天色已不早該快快回家做晚餐了。

這幾個月來，我的心裡總是有一種靜不下來的感覺，時而想狂奔時而想吶喊，朋友還笑我該不會是中年危機？我想也許是秋天的心裡作祟。

一場大雨突如其來，一連下了幾天，氣溫忽而下降，原本乾涸的土壤變得鬆軟，陣陣芳香在空氣中瀰漫開來。我拎起鏟子走進花園，肆無忌憚的雜草被驅逐殆盡，大大的土塊在手指間慢慢化為小小的團粒，

額頭輕微的滲出幾滴汗珠。休耕的花園終於又再次充滿生機，我播下胡蘿蔔的種子，然後心滿意足的看著我的小小領土，心裡豁然開朗，原來是園丁內在的渴望在呼喚我。

突然，有一種如釋重負的感覺！

台灣欒樹

・無患子科，落葉中喬木。
・台灣欒樹又名「金雨樹」，為台灣特有種，主要分布於全省低海拔向陽的闊葉林內。一年四季變化多端，嫩綠、濃蔭、繁花、盛果，讓台灣欒樹榮登「全世界亞熱帶名花木」名錄之中，也讓宜蘭人選它為代表宜蘭的縣樹。
・花色：黃色。
・高度：3公尺以上。
・花期：秋。

多肉植物

瘋狂星期四

說起多肉植物，就不能不提一下我的FREE DAY。

在孩子上小學的那段時間，一星期裡只有一天全校不分年級讀整天。而幾個比較要好的媽媽們會趁這一天，一起出去散散心，吃個飯享受一下，然後在孩子放學前趕回家，彷彿這天什麼事都沒發生似的！如果沒記錯的話，應該是星期四吧，所以這一天我們又稱它為FREE DAY。

由於瑩琪非常熱衷栽培多肉植物，家裡總有各式各樣奇形怪狀的仙人掌，常叫我們看得心生羨慕。只要一提起仙人掌，她的眼睛就會閃爍著光芒，彷彿正談論著自己的戀人般陶醉。由於體積小不佔空間，加上照顧容易，戶外栽培時即使經常忘記澆水，也不用擔心它們會乾死。不管你給它們什麼樣的容器，立著、橫著、掛著，甚至是塞進牆壁的小縫裡，多肉植物總是能忠心耿耿的，守候在花園的一角。所以那陣子，受瑩琪的影響大夥也跟著迷上多肉植物，常常會在FREE DAY的時候，到湖口的一家多肉植物園尋寶。

這家佔地廣闊號稱台灣最多種類的多肉園，裡頭的種類真的是多到令人目不暇給，去久了和園主日漸熟稔大夥兒就變成朋友了，也經常有機會獲邀參觀他的珍藏品，而院子的角落裡也開始出現，一盆又一盆造型奇特的多肉植物。

生命力強的多肉植物，繁殖起來也很容易，只要剪下一截，甚至是一片葉子，都能繁殖出一株新的植物。搭配適當的容器當成拜訪朋友的禮物也很別緻，尤其是那種自稱是黑手指的，只要環境適宜，多肉植物多半能重新建立他的信心。

拜瘋狂星期四之賜，幾年下來擁有許多肉植物，加上和別人交換的品種，連自己都不知道正確的數量到底有多少？據估計最多的時候至少有二百種以上，後來陸續割愛，現在大概還有一百多種。也因為沒有集中管理，所以到處都有盆栽，或單盆的或許多種類合植的，屋頂、走道、牆上、牆壁，即使像貓額頭般大小的位置，也可以塞進好幾株多肉，只要日照充足，即使出國玩上一個月，它們還是會活得好好的，果真是一群強壯的傢伙。

由於這些植物需要的空間不大，照顧起來容易，買的時候比較不會考慮太多，也因此仙人掌的盆栽泛濫到可以自稱為「仙人掌女人」了。當然這和有陣子流行稱呼不做飯不下廚，甚至連燒開水也省了的女性為仙人掌女人，是兩種完全不同的人類。

我喜歡下廚，喜歡生活裡充滿趣味的大小事情，仙人掌其實也是充滿活力的，並不是想像中的那般對外在環境毫無需求，良好的環境之下仙人掌不但會生長得更好，也會開出美麗的花朵。

相對於佈滿尖刺的仙人掌，我其實比較偏愛那種肥肥胖胖且葉子厚厚的種類，這種外型如花般可愛的，通常花朵本身較無觀賞價值，倒是那種滿身是刺的個性多肉，開出來的花才叫人驚豔。

· 多肉植物種類繁多，有的像玉，有的像石頭。

我的花園夢

秋天的園藝

每天，我的生活看似一成不變，其實卻饒富變化，因為花園裡永遠都有新鮮事在等著我，而我也喜歡目前這種千篇一律的生活。有次我甚至還打趣的說，如果有人想暗殺我真是太容易了，就像梭羅每天下午五點一定經過同一個地方一樣，也許不是分秒不差，但幾點做什麼事卻有個固定的習慣。

在乾旱饑渴又多颱風的夏季，園丁任由花園荒蕪是一種順應自然的表現，但到了秋天園丁就必須力圖振作，才能擁有美麗的春天花園和豐收的蔬果菜園，琳瑯滿目的花種紛紛上市的秋天，不只是園丁，就連一般的人也難以抗拒。

夏季時收拾成堆的花盆，在此刻一一被搬出來種上了各式各樣的花卉。這幾年已稍稍懂得節制對於植物的瘋狂，不像最起初常常因買了太多的花苗，爾後發生花盆不夠用，又陸續添購的事情不斷發生，幾年下來花盆的數量極為可觀。

花盆越買越大也越買越貴，早期那些廉價的塑膠花盆逐漸被有質感的素燒瓦盆所取代，而每年強烈的季風，也總會讓我損失好些個瓦盆，也因此只要停止購買，盆子的數量自然就會減少。

退休後開始學習園藝的Linda，常常會上門和我討論關於栽培植物所遇到的問題，有一天她突然有所領悟的對我說：「我現在才知道你門口這些大大小小的花盆景致，全都是用錢堆砌起來的！怪不得Flora的花園看起來總是那麼美，即使採用相同的花種，就是種不出那種感覺。」當她開始學習像我一樣採用素燒花盆來種花，才知道這一個個大花盆全都所費不貲，有些甚至足夠買一件漂亮的洋裝穿在身上。

想要擁有美麗的花園景致，除了費心妝點美麗的門面之外，圍牆外的這片花台也始終是我的煩惱，這話聽起來似乎有點怪，喜歡園藝的人不是應該土地越多越好嗎？這樣一來可以種更多的植物。

然而問題就出在，這世界上沒有一種植物是可以終年盛開的！因此，為了保持門面的美觀，一年裡至少要更換二次季節性草花，如果遇到颱風或豪雨，脆弱的草花便應聲夭折，又得重新來過。

每次得先將被豪雨沖刷變硬的土壤重新翻鬆再拌入有機肥，然後再將花苗一株株栽種下去，十年下來終於感到有點疲累，希望能栽種一勞永逸的植物，只要修剪和施肥即可只是……只是，該種些什麼好呢？這幾年我已試過不少植物，可是似乎還沒找到。

曾經我也種過玫瑰，但是因為是實心的牆面通風差，所以玫瑰長得並不好。因為Flora對於攸關門面的花卉要求不是活著就好，而是一定要長時間盛開，而且要色彩豐富。玫瑰常會因雨而生病讓葉子掉得光禿，為此

我又在旁邊種上許多花花草草，如此一來玫瑰的通風就更差，最後又只好全數挖起來種到花盆裡，這些半死不活的玫瑰全數都要移到頂樓休養，幾年下來陸續嚐試栽種的各種品種的玫瑰，也讓我的屋頂花滿為患。

園丁總是藉口花台的花開得不好而頻頻更換，其實歸根究底，應該是喜新厭舊的心裡作祟。

232

冬

冬天的花園寂靜無聲，梅花已經冬眠，
光禿禿的枝條自成一種美感，
少了夏日的綠蔭，這時節花園的舞台是屬於一年生草花的。
山城經常被濃霧圍繞，
我在雨霧中採摘茂盛的香草植物，為我的料理添香，
記憶也在熟悉的香味中瀰漫開來。

仙克來

雨天的消遣

這樣又濕又冷的雨天裡，努力工作之餘，你都在做些什麼呢？

是否，會站在窗前發呆希望太陽趕快出來，還是會拿起一本書窩在火爐前，沉浸在書中的世界。雨季的時候特別喜歡把陳年的舊書，比如托斯卡尼的豔陽下這類充滿陽光的書，翻出來細細閱讀，一邊在廚房裡做著麵包，或者烤個蛋糕，糕點的香味會溫暖濕冷的雨季，烤爐裡的火光會讓我重新想起太陽，想起已經很久沒有為自己泡一壺茶。

你有多久沒有為自己泡一壺茶了？是否也和我一樣每天被工作、家務、孩子追得團團轉？

我想我是真的很久沒有為自己泡一壺茶了，心愛的茶具早已蒙上一層灰，甚至還有蜘蛛在這裡結網。雨天最適合一個人安靜品茗，好想來一壺東方美人，不料茶罐早已見底；那麼來杯包種吧，好像放得太久竟然有點霉味；只好在濕冷的天氣裡，升起火盆裡的火，在淡淡的炭香味上頭架上鐵盤，細細焙一把烏龍茶。

屋外霧濛濛什麼也看不清，被雨霧包圍的山城格外美麗。早晨頂著濃霧出門，社區裡的櫻花早已陸續開放，桑樹的新芽透露著春天即將到來的訊息，山下雖然也下雨，不過並沒有霧，社區的濃霧是出了名的。

早年，這裡曾是栽種茶葉的地方，後山現在還殘留著零星的茶園，剛搬到社區的我們經常帶孩子，沿著茶園的小路散步到對山的社區找朋友，冬天沒有惱人的蚊蟲，可以放慢腳步安心的漫步。

晴天的時候幾個年輕的媽媽們，也會相約一起走到我家來，享受悠閒的下午茶，那時我的花店還開著，溫室裡的仙克來開得正熱鬧紅的、白的、鑲邊的……顏色眾多，回程時人手一袋大大小小的仙克來，目送著朋友離去的背影。那畫面現在想起來依然覺得很溫暖，只是已經多年沒有再走過那條山路，想必早已被芒草覆蓋了。

花店結束之後雖然還是種著仙克來，但數量已減少許多，刮風下雨的冬天，屋外天寒地凍，這些溫室裡的花卉倒是開得精神抖擻。仙克來其實喜歡充足的水份，雖然在歐洲仙克來算是很強壯的植物，戶外栽培也很普遍，但這裡的強風豪雨卻會讓仙克來葉多花少，反而是日照充足的窗戶邊比較適合，只要記得保持土壤的濕潤與適時的補充肥料，花謝後將花梗整個拔除並隨時清除黃葉，就可以一直開花不斷直到初夏休眠為止。

休眠的仙克來卸下昔日的華麗風貌，光禿禿的球莖沉睡在土裡，此時我會將它們移到戶外淋不到雨的屋簷下，表面再加一點乾砂覆蓋著以保護休眠中的球莖。

夏蟬唧唧叫個不停，梅花的葉子轉瞬間便凋萎了，直到幾陣秋雨過後，綠色的葉子冒出土面，匆匆地又過了一季。

仙克來

・報春花科，多年生球根植物。
・仙客來原產地為地中海地區沿岸，其塊莖有毒不可食用。仙客來因花瓣朝上反捲，好像兔耳朵一樣的豎起來，故又稱「兔耳花」。栽培適宜溫度為10～20℃，不耐高溫，盆栽需保持土壤濕潤但不積水，在陽光充足的環境下能生長良好。
・花色：紅色系、白色
・高度：10～30公分。
・花期：冬～春。

海豚花

飛向藍海

冬天的花園是寂靜的！少了夏天的蟲鳴，天氣寒冷時就連鳥兒也不知去向，有時一連幾天的壞天氣見不著一隻鳥，難道天候惡劣時連覓食也省了嗎？此刻秋天種下的蔬菜陸續成熟，餐桌上每天都有大頭菜、蘿蔔和萵苣，而青花椰菜則是已經重覆收成好多次了。

雖然因為天候惡劣懶得下山採買，倒也不必擔心發生斷糧的危機，雨下個不停，連澆水的工作也省了，腦袋裡想著我的新書內容，該如何來下筆？蘊釀新書的過程往往耗時又耗神，在這段時間裡表面上看起來好像無所事事，吃飯睡覺、睡覺吃飯，雨一滴滴落下來，單調而緩慢的節奏，常會讓我一個不小心，聽著聽著就睡著了。真不知道究竟是太放鬆？還是太累了？

雨，忽大忽小，一陣陣的灑落在雨棚上，發出淅瀝瀝的聲響，這樣的天氣裡，我會先為自己煮一杯濃厚的卡布其諾，讓咖啡的香味飄浮在又濕又冷的空氣裡，然後再升起火爐，窩在客廳的一角，一個人靜靜的啐飲著。

一早我總是忙著張羅早餐與水果，讓趕著上班上學的家人順利出門之後，才終於可以喘口氣坐下來，享受一個人獨處的時光。雨滴沿著紫薇樹光滑的枝幹滑落下來，葉子早已落盡，幾陣風吹過來，雖然沒有葉子可以搖擺，卻見樹下一小群的藍色海豚花，身上掛滿了水珠正在雨中奮力游動著，只是裙擺般的花瓣說是海豚倒不像，反而比較像拖著大尾巴的小金魚。

・（上）含苞的海豚花，更小一點的像珍珠，栽培海豚花，真是趣味無窮。

・（下）盛開的海豚花，其實比較像金魚。

海豚花尚未上市時，我從經營苗圃的朋友那兒獲得一盆，雖然只開著一朵紫色的小花，陽光下薄而透明的花瓣帶著些許清涼感，而毛毛厚厚的葉子也可愛。

經過了秋天的換盆之後，到了冬天已長成滿滿的一大盆，纖細的花梗上成簇的小花，起風的時候，細細的花梗隨風搖擺，抖動的花朵就像是一群正向著藍天悠遊而去的小魚。而那些尚未打開的花苞，有些小得像一顆白色的小珍珠，而那將開放的模樣就像是一條條藍色的小海豚，因此不管是晴天或是雨天，觀賞海豚花總是充滿了趣味。

海豚花喜歡溫暖的半日蔭的環境，屋簷下或是落葉樹下都是理想的栽培地點，強烈的日照會讓葉子變黃，反而不如半日照的綠葉討喜。從秋天到春天都能盛的海豚花開花期很長，栽培也很容易，除了紫色之外尚有白色的品種，到了炎熱的夏季需要像非洲菫一樣移到涼爽通風，且有些微日照的環境，才能順利越夏。每年秋天將老株修剪換土，剪下來的枝條可用來重新插枝繁殖，到了冬天這一盆盆悠遊於綠葉中的小海豚，將會是拜訪朋友的最佳禮物。

海豚花

- 苦苣苔科，多年生草本植物。
- 海豚花原產於南非，又名「直立堇蘭」。適合栽培於屋簷下或有明亮散射光線的場所，喜歡溫和的日照，原則上只要避開夏日的強烈陽光，其餘時間都可接受直射日光。栽培介質需排水良好，盆栽底部勿放置水盤，保持通氣，以免根部長期潮濕缺氧而腐爛。
- 花色：紫色、白色。
- 高度：10～20公分。
- 花期：15～25℃左右可全年開花。

茄苳樹 秘密花園

去年夏秋山城雨量少得可憐，那震撼大地的雷聲，似乎已經是非常久遠以前的事了。這一波鋒面據說會為東北部帶來豪雨，不過這裡卻只有足夠濕潤土壤表面的雨量，有點失望。

初冬的山城披著一層薄霧，獨自一人散步，微風挾帶雨絲輕盈的灑落在人工湖的水面，泛出一圈圈的漣漪，湖面的睡蓮依舊疏落有致的開著，一隻尚未冬眠的老蛙，正懶懶的划過水面。這段時間因忙於上課和其他的瑣事，社區散步遂成了一種奢侈，好久沒來看這裡的樹，尤其是這兩棵社區僅有的台灣流蘇，此刻光禿禿的枝椏正準備休眠，不過每年三四月，細雪般的小白花依然年年讓我驚豔。

・台灣的冬天比起國外來說算是溫暖的，同時也正是許多美麗花種盛開的季節。

我曾經到過許多社區演講教學，山城是其中最美的。雖然我的一位記者朋友略帶調侃地說：「可惜人心不美！」參與公共事物多了，比較能接受不是每個人都能符合我們的期待，就像同一件事也往往有兩極化的看法，人群間的紛紛擾擾，註定是無法避免的。

微風細雨的陪伴下，散步在人工湖旁的公園，這景色忽而使我想起福山植物園，沒想到社區竟然還有這麼美的地方！這裡的茄苳樹非常高大且茂密，雖然緊鄰著大馬路，但樹下卻出忽意料的安靜。

因為這個公園比馬路低很多，茂密的枝葉完全隔絕了上頭的噪音，像是一座秘密花園。裡頭共有六株茄苳樹，其中四棵非常巨大，我想應該是社區開發前所留下來的原生樹種，一對茄苳樹一雄一雌挨在一起，雌樹上結實累累，成串黃褐色的果實掛滿樹枝，幾隻白頭翁在樹上又叫又跳召告豐收的喜悅。想要分辨茄苳樹的性別，抬頭看看就知道了，雄樹是永遠不會結果的。

茄苳的果實據說是白頭翁和綠繡眼最喜歡的食物之一，好奇的我也來嚐嚐看，哇！苦苦澀澀的真難吃，也許用鹽醃個一兩天再加點糖就會變得很美味，不過我還是別和鳥兒搶食物吧！社區常見散生的茄苳樹苗，有一回我的屋頂菜園就冒出一株小茄苳，生長速度快得驚人，我想一定是鳥兒留下來的禮物。如果想種一顆茄苳樹，可以趁秋天果實由綠轉黃時摘取成熟的果實，使用播種的方式，或者在樹下尋找是否有小苗可供移植。

看起來頗為陽剛的茄苳樹，有著濃密厚實的綠葉，小時候曾經流行過一種糖果叫「茄苳苦茶糖」吃了據說可以潤喉。還有用茄苳的葉子塞在雞腹內，燜烤而成的美味茄苳雞，大樹和烤雞，實在很難聯想在一起。而有關茄苳的傳說還真不少，例如擁抱茄苳樹所釋放出的芬多精，有助於改善胃腸方面的疾病，茄苳樹同時也是民間喜歡膜拜的樹神之一。

春天是茄苳樹開花的季節，淡淡且毫不起眼的小松花，一串串高掛在樹枝上，在百花競放的春天裡，很容易就和我們擦身而過。

茄苳樹

・大戟科，落葉大喬木。
・茄苳原名「重陽木」，為台灣本土樹種之一，樹型巨大壽命長，因而常成為民間信仰膜拜的樹公、樹王。茄苳也是 台灣原住民部族的聖樹，象徵祖靈和子孫世代繁衍。茄苳是優良 行道樹，抗風、抗污染、易栽培。根、皮、葉皆可作藥用，果實成熟時可食用，葉亦可用於料理。
・花色：淡綠色。
・高度：10公尺以上。
・花期：春。

小蒼蘭
淡淡友誼

天氣好的時候，住在山下的兩位老太太會散步上山當做每天的運動，因為我也起得早，所以在清晨澆花的時候總會遇著她們，因為不知道名字所以我都暱稱她們為「婆婆」。其有一位是退休多年的老師，另一位曾經是上班族，還有一位是九十多歲的老奶奶，每天由外傭用輪椅推著散步。

除了早上，有時也會在夏天的傍晚遇到，同樣也是澆花的時間，婆婆們很喜歡花，因此常會閒聊上幾句，她們常說：「年紀大了也沒什麼重要的事可做，但每次經過我家，是她們一天中最快樂的時光。」也許是因為這樣的緣故，所以我會讓門口開滿美麗的花，以表示我對她們的歡迎。

但是冬天的時候天氣冷加上下雨，往往一兩個月都沒見到面，我的心裡不免會惦念起這些婆婆們，不知她們是否安好？雖然栽種花卉有一部份的原因是為了滿足路過人們的期待，然而花草環繞的當下，我也會覺得自己很幸福，看來種花也算是利己又利人的活動。

有時候我會想，生命如果能無限制的延長下去該有多好！這世界有許多好玩的事，好吃的東西以及美麗的植物。也因體認到生命來來去去如浮光掠影，因此賞花怎能不及時呢？

這一季我特別在門口的花壇裡種上了藍白色系和粉紅色的花朵，白色天堂鳥、白色馬櫻丹、藍雪花、英國玫瑰、小蒼蘭等。最前面則種了會下垂的粉紫色系的美女櫻，雖然現在還是冬天，但已經開得美極了，等春天銀色情人菊鮮艷的黃花開出來時，我所精心安排的色彩，就會開始在花台上跳躍。

・（左）白色的矮性種小倉蘭，花多但幾乎沒有香味。

・（右）11月左右，儲存的小倉蘭球莖開始發芽，此時就要趕快種到土裡。

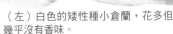

花台上桃紅色和白色的小蒼蘭，是去年上市的新品種，和院子裡原本的舊種小蒼蘭不同，枝條比較硬，花型飽滿花量也較多，改良過的品種果然不同凡響。但它也並不是全然沒有缺點，花變多了香味卻也變淡了，有些甚至連香味也沒有。

舊種小蒼蘭雖然有花梗纖細易倒伏，因此需要支撐的缺點，但是色彩豐富，不管是那一個顏色都有著淡淡的清香，能讓所有的煩惱煙消雲散，心情也跟著愉悅起來。而表面看起來弱不禁風又東倒西歪的舊種小蒼蘭，其實非常適應這裡的氣候，雖然一般的植物栽培書籍會特別提醒，要將修眠的球莖保存在乾燥陰暗的環境，不可以留在土壤中，否則球莖會腐爛，來年再也看不到花。

不過我的小蒼蘭除了頭幾年曾經照著書上的建議，之後都是留在花盆裡越夏，也由於小蒼蘭每年都會增生一倍以上大大小小的球莖，因此在休眠之後，我會把它們挖出來分給朋友，心裡則暗自祈求能像小蒼蘭一樣堅韌且生生不息。

一位朋友曾說過：「癌症其實是一種生命自我結束的機制，強迫人類結束生命！」雖然不反對她的說法，可是我也會希望能活得健康。接觸有機和健康食品一段時間之後，發現用這種方式維持健康真的要花費許多代價。我常常會反問自己，我真的需要遠在天邊的頂級明日葉以及螺旋藻，或是一百種植物濃縮粹取的酵素嗎？還是最好有那種長生不老的仙丹……別問我……我還在想啦！

小蒼蘭

- 鳶尾科，多年生球根植物。
- 小蒼蘭原產於南非，因具有特殊香味，又名「香素蘭」。適合在溫暖地區及陽光充足處栽培，在日照強烈的地方，則需有良好的遮陰設備及較高的濕度，栽培時所用的土壤以排水良好的砂壤土最好。開花期間，每朵花謝了以後要立刻摘掉，以免繼續消耗主株的養分。
- 花色：紅色系、黃色系、紫色系、白色。
- 高度：20～50公分。
- 花期：冬。

玫瑰鳳仙

理想的花園

這幾年來，我的花園一反過去繁花盛開的景象，轉而以蔬菜香料以及多年生花卉為主。經常會被路過的鄰居追問：「現在的花比以前少很多？又或者怎麼不種花了……」諸如此類的問題。而我總是微笑的說：「這是因為我的園藝境界，又提升到另一個層次了呀！」不明究理的人會以為我說得是玩笑話，唯有熟捻的朋友才能明瞭個中滋味。

其實，中年之後的心境是有些不同的。對我而言，過去那樣華麗的花園固然很美，現在這樣清清淡淡的花園也不賴。繁花盛開的花園的確比較能吸引大眾的目光，讓人忍不住要發出驚嘆聲，那種震撼的視覺效果所帶來的感官刺激，也是清淡的花園無法做到的。

清淡的花園的確不能讓匆匆而過的人停下腳步，但適合用閒散的心細細品味。種花種久了對華麗的花朵早已司空見慣，但還是會留意到每年上市的新品種花卉。

不斷提升的園藝技術讓許多花型都被改良的近似玫瑰，像是長壽花、海棠花以及玫瑰鳳仙等。雖然應該要感謝園藝學家的貢獻，讓栽培植物這件事永遠都有新的期待，但是這些模仿玫瑰的花型，其實還是無法和真正的玫瑰相提並論的，玫瑰的那一種特有的驕傲氣質，怕是沒有植物能學得來。

・花園並非得要繁花盛開，形形色色的蔬菜也能創造出令人驚艷的綠色花園。

不過山城多雨的冬天，顏色眾多的玫瑰鳳仙，盛開的樣子還是很令人感動的，和真正的玫瑰相比，玫瑰鳳仙的花瓣單薄沒有香氣，同時也缺乏那種絲絨的華麗感，但比起原生的單瓣品種還是很有看頭的。

根據多年的拈花惹草經驗，發現花園真的會完整曝露主人的品味與性格！尤其在社區散步時，經過每一戶人家的門口，特別能體會這句話。你看那大門深鎖，又圍牆高聳的，多半不喜與人打交道。庭園採開放式的，只設一象徵性的小門，則往往喜歡與人來往，聊天哈拉。院子擺滿了大大小小材質不一的花盆，隨意栽種些小花小草，有些角落則是雜草叢生，甚至看起來有點凌亂的，可能有較多熱情，而且不拘小節。

至於那種像國外花園般的精心佈置，連雜草都不會放過的，表面看起來美麗無比，吸引人想一探究竟，其實在性格和內心深處，對人是有潔癖的，因為堅持太多，通常只適合和同類的人相處。當然做自己才是最重要的，不必為了這些評語而改變自己，誰規定愛花的人一定是隨和的呢？

當然Flora理想中的花園，一定要有蔬菜和香料，如果空間夠大，幾盆茂盛的花卉，則可以讓庭園更有情調。在先進的歐洲國家，蔬菜是庭園非常重要的一部份，想想 在假日的早晨，來盤現採無農藥的新鮮蔬菜沙拉，只要走幾步就有。想要來點異國風味的午餐，園子裡的香料隨手摘，想要在餐桌上插束小花也沒問題，這就是拈花惹草的樂趣，兼具美觀與實用的花園，至於是否繁花盛開，已經不重要了。

玫瑰鳳仙

・鳳仙花科，多年生草本植物。
・原產於非洲，重瓣品種因花朵像玫瑰花般，因而又稱「玫瑰鳳仙」，這種品種只開花不會結果。全日照及半日照都可，陽光充足開花情況較佳。一般單瓣種花謝後極易結果，其果莢成熟後，若用手觸碰，種子即會彈開，到處繁衍。因而有Touch-me-not（不要碰我）的英文名稱。
・花色：紅色系、白色系。
・高度：10～30公分。
・花期：秋～初夏。

蝴蝶蘭
最富有的女人

寒流來襲，入夜之後山城氣溫只有4℃，寒冷的天氣讓水像冰一樣，雙手泡在水裡不禁打了一個哆嗦。在這樣的天氣裡，如果沒有對料理的熱情，是會讓人提不起勇氣下廚的，更別說年前大掃除這種苦差事。

每年過年前我的工作室一定會接一些組合蘭花的訂單，今年也不例外，不管雜事再多再忙，植物栽培及設計是的我的專長，不做總覺得心裡怪怪的，只好利用周末下午去花場批花，周日和晚上加班設計。桌上、桌下、門裡、門外到處堆滿了花材，做到廢寢忘食樂在其中。

設計時除了色彩和搭配的植物屬性之外，也會依主人的個性來安排，當然房子

・年節前夕，各種美麗的組合應景花卉，是窗邊最美的裝飾。

越大的客戶盆花要大，盆器也要講究，使用名家作品看起來才夠大氣！精緻小巧的組合則適合小空間，以簡潔的線條為主，除此之外也需要一些靈感，因此每一件作品都不相同。

捨棄過年非得要大紅大紫的想法，我大量採用了白花、黃花和黑花等品系的蝴蝶蘭，因為蝴蝶蘭代表歡迎，花型飽滿且花期長達兩三個月，光線充足照顧得當的話開個半年也沒問題。

也因為年前的忙碌，無暇像一般的主婦採買添購新衣，雖然嚷著沒空買衣服，但倒是買了不少花，一大堆的蘭花、風信子、鬱金香、菊花……過年怎可以缺少花的點綴，瘋狂地買了一堆花。

雖然天天下雨，可是有花的陪伴心情卻很好，這樣看起來我也算是個富有的女人吧！尤其在忙裡偷閒能和大夥喝個下午茶時，那種感受特別深刻。前些日子退休的Linda想學習製作糕點，因為在下午茶的時候能端出一道自製的甜點，那種感覺很幸福。我告訴她甜點用買的就好了，Linda訝異的睜大眼看我，一個領有烘焙執照的人竟然說出這樣的話，該不會是不想教她的推託之詞吧！

其實在以前我也覺得自己做糕點是一件幸福又浪漫的事情，冬天裡從廚房裡飄出來香甜氣味的糕餅，我想就連經過的路人也忍不住會停下腳步來。但是沒有經驗的新手製作西式糕點，往往需要非常多的專業器具才能做出具有水準的甜點，尤其在講究科學的西方，對於材料份量甚至包括過程，都必須非常精準確實。

且這些費時又費工的糕點，雖然加了枸杞就叫養生，加了紅麴就叫健康，但無論再怎麼減油減糖，對我們這些中年婦女來說吃多了還是不健康。孩子小的時候家裡95%的甜點我都是自己做的，因為自己也很愛吃，自己做同樣的價錢可以做出兩倍以上的量，但也是缺點，吃下兩倍以上的甜點。所以這幾年95%以上的甜點都是用買的，也因為真材實料的糕點都很貴，買的時候就會節制，這樣一來也不會吃下過多不必要的脂肪與蛋白質，而造成身體的負擔。

在山上住久了，發現許多富有的女人其實飲食都非常節制，一方面也許是為了身材，一方面也是為了健康。當然她們絕大多數不會像我一樣亂花錢，買了一大堆以後會死掉的花，堪稱既不經濟又不實惠，畢竟每個人所選擇的生活方式不同，植物讓我的心靈富有確是真實不虛的。

蝴蝶蘭

・蘭科，多年生草本植物。
・臺灣因受太平洋暖流的影響，終年四季如春，非常適合蝴蝶蘭的培育。臺灣有兩種蝴蝶蘭原生種「臺灣阿媽蝴蝶蘭」與「姬蝴蝶蘭」，而最早發現蝴蝶蘭的地方就是臺東縣的蘭嶼鄉。蝴蝶蘭因而被臺東縣民選為縣花，蝴蝶蘭適宜的生長溫度約25～28℃，喜歡溫暖潮濕。但開花期間要保持包覆根部的水草略為乾燥，才能延長花期。
・花色：紅色系、黃色系、白色系。
・高度：視品種而定。

麗格海棠

華麗圓舞曲

向東的小溫室日照充足，桌面牆上擺滿了喜歡的陶藝品，一小群孔雀魚在圓形的陶缸裡游來游去。美麗的蘭花放在手做的陶製花器裡，看起來特別高雅，有時我們會在這裡開讀書會，四周的植物彷彿也成為我們其中的一員。

小型春石斛是五年前和讀書會的媽媽們一起逛蘭園時買的，雖然當時每個人都買了一盆，但只有我的年年盛開，其它的早已不知去向，因此這盆石斛我暱稱它為「同學會」！雖然春秋各開一次，但以秋季開得最多。

・顏色多、花型大又華麗、花期長，只要日照充足，麗格海棠可開花不斷。

石斛多半帶有或濃或淡的香氣，盛開時會讓我的溫室充滿了令人陶醉的香氣。

我很喜歡白花，也許是因為白花是香花族群中數量最多的顏色，所以這白色的石斛可想而知也是我的最愛，栽種多年之後小小的花盆已顯擁擠，所以前兩年我為它分株，分送給讀書會的媽媽們。

除了蘭花、仙克來、非洲堇之外，麗格海棠也是每年冬天一定會買的花種之一，海棠花色繁多喜好也因人而異，白色、黃色、粉紅色這三種顏色特別能突顯麗格海棠的美。枝葉茂密花期長的麗格海棠，花量多、花朵大且充滿華麗感，能在寂寥的寒冬裡帶來熱鬧與繽紛。

仔細觀察海棠的花，會發現海棠屬於雌雄異花，雌花的花瓣較少，比起雄花也略顯單薄，但盛開時數量眾多的花朵會覆蓋整個植株，讓人無暇分辨雌雄，只見那些美麗的花朵，如層層疊疊的大圓裙般旋轉著，彷彿正舉行華麗的舞會。

小時候我只要聽到圓舞曲輕快又流暢的旋律，就會不自主的想要轉圈圈，尤其是偷偷穿上母親的花洋裝，長長的裙擺拖在地上，我會一直開心的旋轉到跌倒為止。大朵大朵的紅色花朵，變成一圈圈的條紋蔓延開來包圍著我，爾後再飛散出去。想不起來是何時忘記旋轉這件事的，也許就如同旋轉的瞬間，我也不知道究竟那裡是起點，而那裡又是終點。

時光的隧道裡，白衣的芭蕾舞者隨著音樂旋轉，裙擺忽上忽下；年輕的鋼琴老師手指在黑白的琴鍵上快速飛舞，剎那間音符幻化為朵朵白色海棠，旋轉而下。原來生活中那些個看起來毫不相干的事，到最後都會交織成一片，不斷加入的樂章，讓曲子越顯豐富與層次，一如人生。

麗格海棠

・秋海棠科，一年生草本。
・麗格海棠並非原生植物，而是由球根海棠與一種原生種海棠雜交而來。具有冬季開花且花大、多花色的優點，非常適合做盆栽觀賞。但因本身為雜交三倍體，具有遺傳之不穩定性，無法實生繁殖，因此，麗格海棠的繁殖是以扦插為主。
・花色：紅色系、橙黃色系、白色系。
・高度：20～30公分。
・花期：冬～春。

· 音符從指尖流竄，花朵在窗邊旋轉，人生的樂章是可以豐富而美好的。

文心蘭

跳舞的園丁

對於植物一直有一種無窮盡的熱情，我也相信花園確實存在著精靈，因為光憑一己之力，絕不可能創造出美麗的花園。

由於我居住的地方離海較近，東北季風挾帶海上的濕氣，從秋天猛烈的季風，到冬春季節的又濕又冷，短暫的夏季在一年中算是最短的季節，因此想保持終年繁花盛開，可說是一項艱鉅的任務。

園藝做久了會明白世界上沒有終年盛開的植物，就連長生不死的植物也極少，自然界有其一定的循環，強迫生物必須休生養息。古代的農人也遵守著春耕、夏耘、秋收、冬藏的道理，不過在台灣這個地形豐富特殊的小島，加以農業及栽培技術的發達，一年四季都有各種盛開的花朵，所以買一株植物對我來說就像買菜一樣自然，同時也是我生活的一部份。

在冬天裡，光線充足的玻璃屋會吸收陽光的熱氣，隔絕了猛烈的季風吹襲，可說是許多室內花卉的天堂，同時也是我的天堂。漫長的雨季裡，玻璃屋是最靠近花園的地方，雖然外頭濕淋淋霧濛濛，但隔著一扇窗的玻璃屋卻是明亮而溫暖，我常會打開屋內的門讓兩個空間連在一起，空氣、音樂自由穿梭沒有阻隔。

・近來愛上跳舞，躍動的裙擺好似文心蘭美麗的花瓣。

玻璃屋裡頭的植物會依生長的特性做更換，有些是開花的時候拿進來，花謝了之後就要移出去戶外才能生長得好，而有些則終年待在室內。在紫薇樹下越過炎熱夏季的文心蘭，會在秋末開始抽出花梗，此時就要移進溫室避開強風以及蝸牛的啃蝕，到了冬天文心蘭就會成簇的開放。

一大群穿著黃衣的跳舞女孩在我的屋裡嬉鬧著，和牆上海報裡跳舞的我，形成一種有趣的畫面，仔細看這一朵朵小花，真像一個個戴著頭飾穿著華麗舞衣的女孩，不止衣服，甚至連臉上都有著和人一樣的雀斑。

我的編輯曾經不止一次的問過我：是如何存在於「園藝」和「跳舞」這樣完全不同的領域？「園藝」和「跳舞」乍看之下或許非常不同，但本質其實是一樣的，都需要用到專注與熱情、耐心與毅力，而且都會和大地產生聯結，非得要區別的話，大概是服裝和道具不同吧！

小學開始習舞的我，在這條路上並不是很順利，只能說熱忱有餘天賦不足，放棄舞蹈之後的三十年間，我不曾再想起這段習舞的過程。沒想到四十歲以後的我，接觸了令人目眩神迷的華麗部落風而感動，重新拾起舞蹈這件事，也開始尋找內在那個跳舞的女孩。小學時習舞努力想要做到老師所要求的，喜歡聽到人家的讚美與掌聲。中年的我跳舞則是為了探索自己的內心，想要找回身體的感覺，雖然我們擁有身體，但多半的人心靈和身體卻是分離的，緊緊相依的身心，陌生的彷彿彼此互不相識。肉體每天奔波勞祿，而心靈卻總是被煩惱與慾望填滿，而我藉由舞蹈和身體重新對話，重新認識自己。

不同於一般人將跳舞當做運動，我的內心有個強大的力量，我稱它為另一個靈魂！所以我才會說：「園藝和寫作是我的最愛，跳舞則是為了釋放另一個靈魂。」

文心蘭

・蘭科，多年生草本。
・原產地中南美洲，花朵盛開時形狀宛若一群跳舞的女郎，故又稱「跳舞蘭」，為熱帶性花卉，對環境的適應性廣，栽培容易。由於文心蘭品種多，花色變化大、開花季節長，花期可達1～3個月。部份品種甚至具濃郁香味，是國內繼蝴蝶蘭產業之後，另一個具有外銷潛力的重要花卉之一。
・花色：黃色系、褐色系、紅色系、白色系。
・高度：依品種不同15～100公分都有。
・花期：秋～初夏。

長壽花
隨遇而安

鄰居荒廢的屋頂上，成群的長壽花佔據著一角，開滿了單瓣的黃色花朵。長壽花粗壯厚實的葉片能耐乾旱，裸露在地面的根系則能捕捉著隨風而來的泥砂，自成一片地。雖然沒有人會為它澆水，但是多雨的山城與濃霧所帶來的濕氣，已足夠讓這些野生的長壽花生生不息。說是野生，事實上也是外來種，屬於早期引進的觀賞花卉之一。

而園子裡這些有著多層次美麗花瓣與顏色的長壽花，則是近幾年引進的改良新品種，具有花梗長，花苞多、花朵大、顏色多又鮮豔，花期長等優點，而且幾乎和原生的品種一樣強壯耐旱。要是所的的觀賞花卉都能像長壽花一樣該有多好！

長壽花雖然以長壽命名，但並非能活到永遠。平地的夏季高溫悶濕常會讓根系生病，使得來年難以盛開，因此每年花期過後最好能剪取頂芽重新插枝繁殖，而想要花梗長得長，則需要像專業栽培菊花般施以電照處理，專業栽培有其技術性，而放任式的家庭栽培則自然就好，不需要去計較花梗的長短。

享受園藝所帶來的生活樂趣，至於病蟲害所帶來的煩惱，時間久了就會相信，其實沒什麼值得擔心的，最糟的情況不過就是換一棵新植物罷了！試想：大家都不買植物，生產者豈不要喝西北風。

當然剛開始對園藝產生興趣的人，一定

會遇到所栽培的植物，無法如預期般的生長良好，或者遇到蟲害的問題，此時難免會陷入要不要噴藥的抉擇。如果想讓花園充滿生命力，而裡頭的植物健康又強壯，就要試著和大地及生物和平共處，相互了解。

土壤裡本來就應該存在著各種生物，包括所謂的蟲，而大多數的蟲對植物來說都是無害的。土壤是大地之母，一切生命的起源，它是活的，當然會包容一切生物的存在，家庭栽培使用農藥殺菌，最直接的受害者其實是居住期間的人和寵物，而不是所謂的害蟲。

一開始因為經驗不足，以及環境和生態間尚未取得平衡，栽培植物或是蔬菜，一定會遇到挫折，也許被蟲吃光，也許生病，也許花了許多時間，卻沒有得到應有的收穫。難免會懷疑我所說的，因為聽起來好像很簡單，自己做起來卻不是那麼一回事。

園藝就是這樣，有時要等待，有時要忍耐，有時要堅持。

因為這是一個新的開始，一種新的思維，就像黎明的曙光，終將照亮大地，光復所有被污染的土地。因此請容我邀請你，一起加入這綠色的行列，重新學習用自然的方式和植物相處，也和自己相處。

長壽花

・景天科，多年生草本。

・長壽花原產非洲馬達加斯加。喜陽光充足的環境，溫度在15℃左右，長壽花可開花不斷。長壽花雖耐旱但在稍濕潤環境下生長較旺盛，夏季高溫超過30℃，會休眠停止生長，此時可移至涼爽通風處，若高溫多濕，葉片易腐爛脫落。

・花色：紅色系、白色、黃色。

・高度：15～30公分。

・花期：冬～春。

我的花園夢

冬日盛宴

能立即讓花園改頭換面的，唯有草本花卉了。

過年前，全家人到嘉義農場渡假，途中在嘉義短暫休息，一時興起順道逛逛美麗的嘉義公園，看看射日塔。沒想到位於市區的嘉義公園，腹地比我想像中的還要大，一區區精心設計的草花花圃，只能用百花齊放來形容！公園的花草佈置與設計有歐洲的感覺，配色也很高明，使得接下來的行程嘉義農場、劍湖山等的草花圃相形失色。

草花雖然能立即造出花園繁花盛開的豐富感，但也有人嫌草本花卉的生命周期過於短暫，只有２～３個月，又常因強風豪雨折損，經常要更換植株，不過這也正是它們可愛的地方。開花的時候傾全力演出，讓花園個徹底，然後迅速下台，讓下一個美麗的花種接替。也由於植株矮小根系淺，當你不想要的時候，甚至不需要鏟子，也很容易就可以清除乾淨。

當然它們的價格也很輕鬆，一盆只要十幾元，花個一百元就可以擁有滿滿一盆花，堪稱物美價廉。所以要想要繁花盛開的花園真的很容易，只要了解植物的生長習性，懂得顏色的配置與佈置的美感，你甚至不需要等待，只需要去一趟苗圃或花市，滿園盛開的花朵任你挑。

通常花市是許多賣花的攤位集中的地方種類也多，除了花卉植物以外，其他的相關資材也很齊全，通常我會先逛完一圈貨比三家。草花和小盆栽的價格一般來說差異不大，品質也很穩定，因為花市裡的草花，都是零售商前一天從苗場進貨的，也因為流通快，所以植株的生長狀況多半良好。如果是在花店選購，就要多注意了，因為花店普遍的環境並不適合植物長期生長，盆栽如果在店內放置過久，可能會因日照不足而變得虛弱。

至於生產草花的苗圃一般距離市區比較遠，需要自行開車前往，北部的苗圃多集中於桃園縣的大園鄉或大溪等地，佔地較為遼闊，這幾年多採多角化經營，苗圃裡除了花卉，也販賣飲料和咖啡。較具規模的還設有餐廳，和可愛的動物區，即使不為買花，當成全家外出遊玩的景點也很不錯。

孩子小的時候，我幾乎一兩個星期就會帶他們去一趟朋友們的花圃，雖然他們對花沒有興趣，但裡頭的可愛動物，能讓他們待上一整天也不會吵著要離開，而我則可以安心的看花買花或和朋友聊天喝茶。

前些日子兩個就讀高中的孩子陪著我上苗圃，女兒還是像以前一樣在兔子區餵食青草蘿蔔，而以往滿園奔跑的兒子，現在則安靜的在花棚下看書，當我高呼一聲「回家囉」！卻見兩個高頭大馬的年輕人，由花圃的角落向我走來，我忽而有掉入了蒲島太郎裡的時空錯覺，分不清現實與記憶。

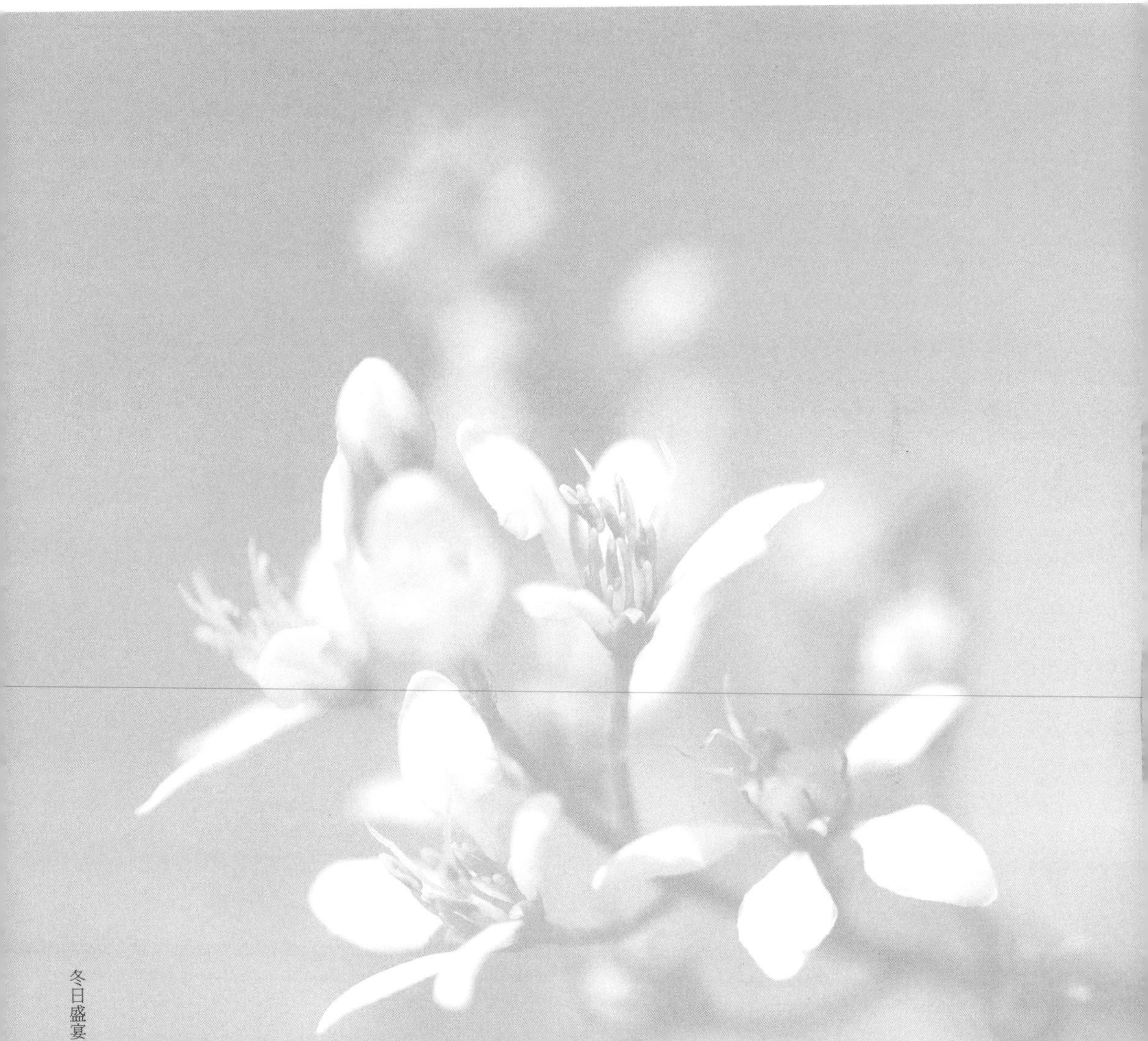

花之索引

天使花

黑種草

月桃

彩繪鼠尾草

白蝶花

蜜蜂花

洋甘菊

大岩桐

向日葵

鐵炮百合

香菫

山櫻花

百子蓮

大花紫薇

梅花

六倍利

阿勃勒

大金雞菊

絲河菊

玫瑰

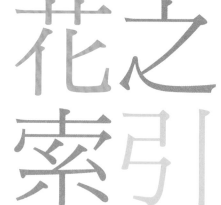

長壽花

香草植物

天竺葵

香雪球

茄冬樹

馬櫻丹

木棉

夏菫

非洲鳳仙花

欒樹

多肉植物

黃梔子花

蝴蝶蘭

小倉蘭

佛手柑

矮牽牛

藍色海豚花

文心蘭

金花石蒜

蝶豆

麗格海棠

仙客來

美女櫻

鐵線蓮

C O P Y R I G H T

腳丫文化

K055

蒔花弄草過生活

國家圖書館出版品預行編目資料

蒔花弄草過生活 / 董淑芬著. --第一版. --
臺北市 : 腳丫文化, 民99. 11
面 ; 公分. --（腳丫文化；K055）

ISBN 978-986-7637-64-2（平裝）

1. 園藝.生活

435.11 99019775

腳丫文化及文經社共同網址：
http://www.cosmax.com.tw/
或「博客來網路書店」查詢。

Printed in Taiwan

著作人：董淑芬
社長：吳榮斌
企劃編輯：陳毓葳
美術設計：游萬國
插畫：黃宇寧
出版者：腳丫文化出版事業有限公司

總社・編輯部
地址：104 台北市建國北路二段66號11樓之一
電話：（02）2517-6688
傳真：（02）2515-3368
E-mail：cosmax.pub@msa.hinet.net

業務部
地址：241 台北縣三重市光復路一段61巷27號11樓A
電話：（02）2278-3158・2278-2563
傳真：（02）2278-3168
E-mail：cosmax27@ms76.hinet.net
郵撥帳號：19768287 腳丫文化出版事業有限公司

國內總經銷：千富圖書有限公司（千淞・建中）
(02)8251-5886
新加坡總代理：Novum Organum Publishing House Pte Ltd
TEL：65-6462-6141
馬來西亞總代理：Novum Organum Publishing House(M)Sdn. Bhd.
TEL：603-9179-6333
印刷所：通南彩色印刷有限公司
法律顧問：鄭玉燦律師 (02)2915-5229

定價：新台幣 280 元
發行日：2010 年 11 月 第一版 第 1 刷